A CONDIÇÃO ESPACIAL

Conselho Acadêmico
Ataliba Teixeira de Castilho
Carlos Eduardo Lins da Silva
José Luiz Fiorin
Magda Soares
Pedro Paulo Funari
Rosângela Doin de Almeida
Tania Regina de Luca

Proibida a reprodução total ou parcial em qualquer mídia
sem a autorização escrita da editora.
Os infratores estão sujeitos às penas da lei.

A Editora não é responsável pelo conteúdo deste livro.
A Autora conhece os fatos narrados, pelos quais é responsável,
assim como se responsabiliza pelos juízos emitidos.

Consulte nosso catálogo completo e últimos lançamentos em **www.editoracontexto.com.br**.

Ana Fani Alessandri Carlos

A CONDIÇÃO ESPACIAL

Copyright © 2011 da Autora

Todos os direitos desta edição reservados à
Editora Contexto (Editora Pinsky Ltda.)

Foto de capa
"Final de tarde em São Paulo", Jaime Pinsky

Montagem de capa e diagramação
Gustavo S. Vilas Boas

Preparação de textos
Ana Paula G. do Nascimento

Revisão
Evandro Lisboa Freire

Dados Internacionais de Catalogação na Publicação (CIP)
(Câmara Brasileira do Livro, SP, Brasil)

Carlos, Ana Fani Alessandri
A condição espacial / Ana Fani Alessandri Carlos. –
1. ed., 4ª reimpressão. – São Paulo : Contexto, 2021.

Bibliografia.
ISBN 978-85-7244-660-0

1. Cidades 2. Espaços urbanos 3. Geografia 4. Geografia
urbana 5. Relações sociais I. Título.

11-08399	CDD-910.91732

Índice para catálogo sistemático:
1. Espaço e relações sociais : Geografia urbana 910.91732

2021

Editora Contexto
Diretor editorial: *Jaime Pinsky*

Rua Dr. José Elias, 520 – Alto da Lapa
05083-030 – São Paulo – SP
PABX: (11) 3832 5838
contexto@editoracontexto.com.br
www.editoracontexto.com.br

Para Marcia
pelo apoio incondicional, estímulo incessante,
enfim, por acreditar em meu trabalho.

SUMÁRIO

Apresentação 9

Introdução 13
    A Geografia e o espaço 18
    O momento crítico 21
    Sobre os fundamentos 26

Thaumazein 37
    Sobre a práxis 39
    Sobre a produção 49
    Do meio à prática sócio-espacial 52

Da *organização* à *produção* do espaço 63
    Em torno dos sujeitos da produção 70
    Níveis e escalas na produção do espaço 74
        Os níveis 74
        As escalas 81

O ESPAÇO COMO CONDIÇÃO DA REPRODUÇÃO 91
    De volta à renda da terra 91
    Marx e *O capital* 93
    A produção do espaço urbano como momento
    do processo de valorização do capital 98
        O *ajuste espacial* como solução à crise da acumulação 102
        A cidade como negócio e o *novo sentido* do espaço 112

A REPRESENTAÇÃO ARCAICA DO ESPAÇO E O ESPAÇO PÚBLICO,

PARA ALÉM DA ESFERA PÚBLICA, E SEU SENTIDO ATUAL 125
        Contradição privado/público 137

CONSIDERAÇÕES FINAIS: CONSTRUINDO A METAGEOGRAFIA 141
        O estado crítico 142
        A metageografia como proposta 147

BIBLIOGRAFIA 153

A AUTORA 159

APRESENTAÇÃO

Este livro aponta o caminho que permite pensar a produção do espaço como imanente à produção da sociedade no movimento (histórico) de sua reprodução. Trata-se de pensar a produção do espaço em seus fundamentos sociais, isto é, a produção do espaço inserida no conjunto de produções que dão conteúdo e sentido à vida humana. Desse modo, estabelece-se um ponto de partida possível: o espaço, tal qual pode ser apreendido pela Geografia, num movimento dialético que o definiria como condição, meio e produto da ação humana. Situo minha investigação, portanto, na produção do espaço localizada na totalidade do processo de produção social. A intenção, portanto, é de trazer algumas questões que compõem a problemática espacial hoje.

A *questão espacial* tem me perseguido desde que terminei o curso de Geografia. Naquele momento, uma certeza nublava a felicidade da então formanda: depois de tanto tempo dedicado aos estudos, os conteúdos da noção de espaço permaneciam uma incômoda incógnita. Décadas depois nem tudo foi solucionado. Na realidade, quanto mais se aprende sobre uma coisa, mais os horizontes vão se abrindo. Mas se acreditamos que os avanços teóricos na disciplina são coletivos, algumas dessas reflexões precisam vir à luz do dia para que outros possam contestá-las ou aprimorá-las. Desse modo, o trabalho solitário pode encontrar interlocutores dentro e fora da Geografia, posto que a produção do espaço coloca-se como desafio para todos aqueles que querem entender o mundo moderno e a condição através da qual a vida se constitui e se desenvolve hoje, iluminando as novas contradições bem como o horizonte em que deverá se situar o projeto constitutivo de uma nova sociedade.

No mundo moderno a intensidade dos processos e a velocidade do acontecer marcam as relações dos homens entre si e destes com o espaço, uma vez que transformam o tempo, aceleram o ritmo. "Nosso ritmo de vida não conhece os tempos longos", nos assevera Calvino.[1] A ideia de um *tempo rápido*, de *um aqui e agora*, de um presente sem espessura parece despir o cidadão de um passado, de sua história, deixando-o assolado pela febre do instantâneo. O passado, enquanto experiência e sentido daquilo que produz o presente, se perde, ao passo que o futuro se esfuma na velocidade do tempo da transformação das formas – o lugar é cada vez mais aquele do não uso, logo, da não identidade.

Como as relações sociais têm uma existência real na condição de uma existência espacial, isto é, nos atos simples e ordinários da vida cotidiana, elas se realizam no lugar onde se gesta a identidade nas relações mediadas pelo uso, o que é feito através da memória.

> A memória conta realmente para os indivíduos, as coletividades, as civilizações, só se mantiver junto a marca do passado e o projeto do futuro, se permitir fazer sem esquecer aquilo que se pretende fazer, tornar-se sem deixar de ser, ser sem deixar de tornar-se.[2]

São as mudanças no tempo e no espaço, e na sua relação, que ajudam a definir a *modernidade* hoje.

Tenho insistido no fato de que nos deparamos com várias possibilidades de compreensão do mundo a partir da Geografia. Da mesma forma, tenho insistido no fato de que a análise do que entendo ser especificamente geográfico baseia-se no raciocínio segundo o qual as relações sociais se realizam concretamente enquanto relações espaciais. É através da e na prática sócio-espacial[3] que o indivíduo se realiza enquanto tal ao longo da história, numa prática que revela a construção da humanidade do homem. O enfoque espacial envolve a sociedade em seu conjunto, em sua ação real, em seu movimento de objetivação/subjetivação; constitui um universo imbricado de situações, contempla necessidades, aspirações e desejos (os quais se realizam sob a forma de possibilidades). Assim, quando afirmamos que as relações sociais se objetivam enquanto relações espaciais concretas materializando-se, apontamos uma diferenciação da Geografia em relação aos *outros saberes*.

Ao enfocar a prática, o movimento do pensamento vai na direção do concreto, da prática real com as contradições vividas.

Dessa forma, para entender o modo como o ser humano se realiza na sua relação com a natureza nela mesma, e sem dela sair, faz-se necessário deslocar a análise do plano da fenomenologia para o da prática real. Decorre daí o entendimento de que o mundo produzido revela-se como obra humana, ao longo do processo civilizatório, em sua reprodução, praticamente. Há nesse processo uma dupla determinação: o homem se objetiva construindo um mundo real e concreto, ao mesmo tempo em que se subjetiva no processo ganhando consciência sobre essa produção.

Assim, se no plano do conhecimento o espaço revela-se em sua dimensão abstrata, ele corresponde também a uma realidade real, uma vez que sua produção social liga-se ao plano do concreto. A materialização do processo é dada pela concretização das relações sociais produtoras dos lugares, revelando a dimensão da produção/reprodução do espaço.

Portanto, se o espaço foi durante muito tempo pensado como localização dos fenômenos, palco onde se desenrolava a vida humana, é possível pensar uma outra determinação que encerre em sua natureza um conteúdo social dado pelas relações sociais que se realizam num espaço-tempo determinado; aquele da sua constante reprodução, ao longo da história, obrigando-nos a considerar o conteúdo da prática sócio-espacial em sua complexidade.

Isso equivale a dizer que as relações sociais ocorrem num lugar determinado sem o qual não se concretizariam, num tempo fixado ou determinado que marcaria a duração da ação – uma ação que se realiza como modo de apropriação na escala da reprodução da vida. Desse modo, as relações sociais que constroem o mundo concretamente se realizam como modos de apropriação do espaço para a reprodução da vida em todas as suas dimensões. Referem-se a modos de apropriação que constroem o ser humano e criam a identidade que se realiza pela mediação do outro (sujeito da relação), já que as relações sociais têm concretude no espaço, nos lugares onde se realiza a vida humana, envolvendo um determinado emprego de tempo que se materializa enquanto modo de uso do espaço. Essa é uma característica da vida humana, além de condição da reprodução que se realiza envolvendo dois planos: o individual (que se revela, em sua plenitude, no ato de habitar) e o coletivo (plano da realização da sociedade, realizando-se na cidade). Assim, a relação espaço-tempo se explicita, na condição de prática sócio-espacial, no plano da vida cotidiana, realizando-se enquanto modo de apropriação (o que envolve espaço e tempo determinados).

Na impossibilidade de tudo dizer sobre o tema, apresento, portanto, um dos movimentos constitutivos da problemática espacial através das possibilidades postas pela Geografia. Nesse sentido, convém não esquecer o modo como Lefebvre termina seu livro *Hegel, Marx et Nietzsche: ou le royaume des ombres*:

> No espaço se inscrevem e mais ainda se realizam as diferenças, da menor
> à maior [...] o espaço torna-se o lugar e o meio das diferenças [...]. Ele
> comporta a prova concreta ligada à prática e à totalidade do possível [...]
> obra e produto da espécie humana, o espaço sai da sombra como o planeta
> de um eclipse [tradução nossa].[4]

Muitas das ideias aqui apresentadas aparecem em outros lugares – artigos e capítulos de livros. Aqui, todavia, elas ganham outro movimento em direção à compreensão das contradições que a produção do espaço encerra, apontando para um novo modo de expressão das lutas de classe: a luta pelo espaço que se depreende pelos conflitos em torno do *direito à cidade* e pela terra no campo.

Para finalizar, gostaria ainda de dizer que *o ambiente do GESP* – grupo de estudos de Geografia Urbana Crítica Radical[5] – tem sido um espaço de reflexões e debates; lugar onde muitas dessas ideias foram apresentadas e debatidas.

Fevereiro de 2011

Notas

1. Ítalo Calvino, *Por que ler os clássicos*, São Paulo, Cia. das Letras, 1994, p. 15.

2. Henri Lefebvre, *Presencia y ausencia*, México: Fondo de cultura econômica, 2006, p. 19.

3. Optou-se aqui por utilizar "sócio-espacial" no lugar de socioespacial para enfatizar as relações sociais e ao espaço, simultaneamente, levando em conta a articulação dialética de ambos no contexto da totalidade social, mas preservando a individualidade de cada um.

4. No original: "dans l'espace s'inscrivent et plus encore se réalisent les différences, de la moindre à l'êxtreme [...] l'espace devient le lieu et milieux des différences [...]. Il comporte une épreuve concrète, liée à la pratique et à la totalité du possible [...] oeuvre et produit de l'espèce humaine, l'espace sort de l'ombre, comme la planète d'une eclipse" (Henri Lefebvre, *Hegel, Marx et Nietszche: ou le royaume des ombres*, Paris, Casterman, 1975, p. 223).

5. www.gesp.fflch.usp.br.

INTRODUÇÃO

"Tudo se acumula a nossa volta e,
de novo sai de dentro de nós"
Goethe

Da necessidade constante de se interrogar sobre o mundo e do desejo de compreendê-lo surge o ato de continuar, insistentemente, construindo nossos caminhos de pesquisa. Todavia, sempre que nos defrontamos com as metamorfoses do mundo, deparamo-nos também com o fim das certezas, uma vez que a dúvida faz parte do ato de conhecer e o estatuto do conhecimento é ser provisório. Portanto, não há verdades eternas, mas um pensamento em mudança constante, exigindo sempre novos parâmetros que solapam os antigos paradigmas, questionando os procedimentos teórico-metodológicos e expondo a fragilidade de argumentos pretéritos para explicar o mundo contemporâneo.

As mudanças do período atual (que muitos autores identificam como a pós-modernidade) têm sido associadas às transformações do/no tempo. Para nós, geógrafos, o desafio reside em pensar em que medida a problemática atual contempla o espaço, posto que espaço e tempo aparecem na análise geográfica em sua indissociabilidade, já que toda ação social se realiza num espaço determinado, num período de tempo preciso. Nessa perspectiva, as relações sociais se realizam na condição de relações espaciais, o que significa que a análise geográfica revela o mundo como prática sócio-espacial. A Geografia, ao apontar a inexorabilidade da relação espaço-tempo, inclui uma perspectiva nova para a elucidação do período atual. Poderíamos, assim, argumentar que a pós-modernidade referir-se-ia a uma radical mudança espaço-temporal, e não apenas no tempo ou do tempo. Tal mudança, levando às últimas consequências as transformações sinalizadas pela arte no início do século xx, que anunciava a metamorfose radical de todos os referenciais estéticos que orientavam a arte, mas que também – produzidos ao longo da história – orientavam o processo de acumulação e sedimentavam a vida cotidiana.

Anunciada por Baudelaire na metade do século XIX e levada às últimas consequências no início do século XX, a arte antecipou essa nova relação espaço-tempo. Na música – como nova abordagem do tempo – revela-se a destruição do universo tonal. *A sagração da primavera* de Stravinsky provoca escândalo em Paris, como já ocorrera com *Tannhäuser* de Wagner, o que deu origem a uma longa carta de desculpas endereçada ao compositor alemão e escrita por Baudelaire, que estava indignado com a atitude dos franceses. A forma fixa da escultura, por sua vez, passa a expressar a velocidade do universo técnico (lembro aqui os futuristas, tais como Boccioni), e na pintura observa-se o fim da perspectiva, quando a linha do horizonte desaparece e com ela uma referência espacial importante. A obra cubista é sintomática desse momento, pois ela revela a ruptura total da forma de representar o espaço, no qual os objetos são empilhados, reduzidos a sua forma mais objetiva e simplificada, mostrando uma nova abordagem do espaço, tal qual prevista na obra de Cézanne. Assim, a música (revelando o tempo) e a pintura (apontando o espaço) sinalizam não só um novo olhar para o mundo em transformação, mas esclarecem o sentido dessa modificação: o processo de abstração.

O que se convencionou chamar de "implosão dos referenciais" impregnou a vida cotidiana, transformando-a radicalmente pela imposição da abstração, promovida pela passagem da qualidade à quantidade (o tempo perde seus conteúdos ao tornar-se velocidade ou, ainda, quantidade de horas de trabalho; enquanto o espaço torna-se passagem, movimento de coisas, ou, ainda, capital fixo). Essa nova dimensão espaço-temporal sinalizaria os conteúdos que marcariam os fundamentos da sociedade contemporânea, que se revela essencialmente urbana não apenas numericamente, mas em sua essência e modo de vida. No limite último, essa transformação se revela no modo como a produção do espaço social se constitui sob o capitalismo moderno. A forma homogênea da cidade, a exemplo de Brasília,[1] representa de modo mais fiel o processo de abstração, através do qual os referenciais deixam de ser um produto da história para apontar uma ruptura em relação a ela.[2]

Hoje esse processo ganha nova dimensão. A reprodução social se realiza coordenada por fenômenos globais, sinalizando para uma totalidade nova (em formação) caracterizada pela constituição de uma sociedade urbana e pela criação de um espaço mundial. Tal processo aponta a constituição da produção amnésica do espaço.[3] As marcas do rápido processo de transformação que vivemos hoje, em meio à constituição da mundialização da sociedade, estão impressas tanto na paisagem quanto na consciência do habitante.

A produção do espaço abre-se, portanto, como possibilidade de compreensão do mundo contemporâneo, que, sob a égide da globalização, vai impondo novos padrões (assentados no desenvolvimento da sociedade de consumo e submetidos ao desenvolvimento do mundo da mercadoria) a partir dos quais vão se redefinindo as relações entre as pessoas numa sociedade fundada na necessidade de ampliação constante das formas de valorização do capital. Novos padrões culturais invadem a vida cotidiana metamorfoseando antigos valores com a introdução de novos signos e comandando novos comportamentos. Também nesse plano se vislumbra o que aparece como virtualidade no presente. Novas questões exigem também novas categorias de análise. Para Lévy, "certas palavras da Geografia", tais como meio e gênero de vida, desaparecem ou estão em crise, outras, como fluxo ou polos, aparecem e outras, ainda, mudaram de lugar no campo semântico.[4] O conceito de distância para o autor cessa de remeter estreitamente ao geométrico para se nutrir de lógicas sociais mais diversas, fazendo emergir o par lugar/área. Enquanto isso, a ideia de região como expressão da escala única da Geografia tradicional se encontra violentamente contestada, relativizada e colocada em outra perspectiva em relação a outras escalas – como aquela do local e do mundial. Ainda segundo Lévy, o mundo da cidade também aponta novos desafios, pois contém a busca de diferenciação (contradição) mais do que a busca de regularidades (coerências).

Novas categorias de análise se impõem como a de *cotidiano*, que ganha centralidade na medida em que o processo de reprodução geral da sociedade manifesta-se, e pode ser compreendido concretamente, no plano da vida cotidiana. A noção de cotidiano permite deslocar a questão da análise do plano do econômico, sem, todavia, excluí-lo, para o plano do social, iluminando a prática real e vivida na qual afloram as contradições. Aí se encontram as determinações do político e do econômico, ora contraditoriamente, ora em suas alianças "pesando sobre a vida cotidiana".[5] A extensão do processo de produção – que se realiza englobando a sociedade inteira em direção à constituição de uma sociedade urbana, como realidade e possibilidade – apoia-se na constituição de um cotidiano fortemente programado e normatizado (como produto e condição da reprodução do econômico e do político), que cria as bases de constituição de um individualismo exacerbado em contradição com o discurso de que todos fazem parte de uma totalidade nova e cheia de possibilidades. Assim, a sociedade no começo do século XXI distingue um conjunto de questões, exigindo a justaposição de vários níveis de análise. A realidade coloca-nos diante de uma série de desafios em face do incrível desenvolvimento da técnica, que amplia as possibilidades de vida no planeta, sem, todavia, deixar de aprofundar as desigualdades, produto do aumento da acumulação e da concentração da riqueza, fundantes de nossa sociedade. No plano do conhecimento, deparamo-nos com a produção de um saber técnico, que tem contribuído para o sombreamento do mundo ao invés de iluminar as situações que bloqueiam as vias capazes de superar as contradições vividas em nossa sociedade.

Se a transformação da sociedade em direção ao mundial sinaliza, por um lado, uma possibilidade já realizada pelo capitalismo, por outro, também ilumina um processo de reprodução contínua e, desse modo, a realização do mundial revela a práxis e uma nova condição de totalidade. A velocidade das transformações exige um novo paradigma de análise; as dificuldades e alternativas que a Geografia enfrenta agora estão arraigadas nos processos conflituais de transformação social em outro plano. Portanto, mais do que nunca, a dimensão espacial do mundo ganha significado, e as noções de espaço e de território permanecem orientando as reflexões dos geógrafos diante das suas metamorfoses. O processo de reprodução econômica passa agora pela produção de um novo espaço. Não restam dúvidas de que a acumulação passa pelo espaço, realizando-se através dele como condição e produto desse processo. Nesse sentido se explicam as atividades do turismo – com a correlata transformação da cultura em indústria cultural –, do narcotráfico, bem como o modo como o capital financeiro se associa ao setor imobiliário, atuando de forma cada vez mais clara na produção do espaço, em busca constante do lucro.

Trata-se de um momento em que, para muitos, se caracterizaria uma "virada espacial",[6] assinalando a importância da compreensão do espaço – de sua produção – no desvendamento do mundo moderno. Este se reproduz como realização da virtualidade do capitalismo de realizar-se expandindo-se pelo planeta, como estratégia de dominação das condições necessárias à sua reprodução continuada. Segundo Lussault, a modernidade ocidental insiste sobre o domínio do tempo, pois na atual fase histórica a vantagem está do lado do espaço. Para ele, o espaço permite entender as mudanças pelas quais as sociedades estão passando hoje, momento em que

> as características da sociedade mundializada que se constrói sob nossos olhos são eminentemente espaciais; mobilidade, inflação telecomunicacional, mudanças dos regimes de proximidades, coespacialidade, constituição de politópicos, urbanização generalizada [...].[7]

Portanto, todos os sintomas da constituição do mundo contemporâneo são espaciais.

> Pode-se recordar que antes de iniciar o terceiro milênio, o geógrafo inglês Peter Gould (1996) afirmou que o século XXI seria o século espacial, de uma forte consciência do espaço-temporal [...] um tempo em que a consciência do geográfico voltará a adquirir uma presença destacada no pensamento humano.
>
> Possivelmente, como parte dos processos de ampliação das fronteiras de nossos conceitos (a explosão polissêmica), mas também do redescobrimento do espaço e do território nas diversas ciências sociais e das humanidades. Por outro lado, também assistimos a uma notória confusão entre o uso da palavra Geografia como uma disciplina científica, isto é, como uma forma de conhecer, e a Geografia como o território mesmo no qual ocorrem diferentes fatos e fenômenos.[8]

Como afirma Harvey,[9] a solução das crises e impasses do capitalismo objetivando facilitar a acumulação do capital e abrir caminho para a acumulação, num estágio superior, requer uma organização geográfica – a produção capitalista do espaço.

O raciocínio que queremos destacar aqui é que o espaço, como categoria do pensamento e realidade prática, traz em si a ideia de referência para o ser humano, uma vez que é sua condição de existência, assim como as transformações da sociedade trazem como consequência modificações espaciais. A ideia de *condição*, que dá título ao livro, aponta a preocupação de pensar o fundamento da análise espacial no movimento – realizada pela Geografia –, localizando os movimentos da produção espacial como momento necessário da reprodução do humano (e do seu mundo). Essa condução torna possível uma primeira aproximação: a produção do espaço apareceria como *imanente* à produção social no contexto da constituição da civilização. O ato de produzir é o ato de produzir o espaço – isto é, a produção do espaço faz parte da produção das condições materiais objetivas da produção da história humana. Portanto, o espaço como momento da produção social encontra seu fundamento na construção/constituição da sociedade ao longo do processo histórico como constitutivo da humanidade do homem. Assim, não haveria leis do espaço, nem a possibilidade de uma ontologia do mesmo, posto que sua produção situa-se na totalidade do processo histórico como processo civilizatório, como realidade prática. Dessa forma, significa dizer que não existiria uma sociedade a-espacial, pois todas as relações sociais se cumprem como atividades determinadas por um espaço e um tempo – num espaço e num tempo definido pela ação. Desse modo, as relações sociais se materializariam enquanto relações espaciais com significados diferenciados em função do tempo histórico.

Assim, podemos inicialmente argumentar que a necessidade da compreensão do mundo moderno exige: a) compreender que a produção das coisas, mas também dos indivíduos, é determinada socialmente. Nesse sentido, o indivíduo e sua obra aparecem como produto da história; b) destacar que o processo de produção do espaço acentua a alienação do humano (tornado força produtiva e consumidor), na medida em que essa produção é percebida como exterioridade, vivida como estranhamento, posto que submetida às estratégias da reprodução do capital, bem como àquela da realização do poder político. Com isso, a perpétua reprodução das relações capitalistas aprofunda as contradições que estão na base do processo de produção do espaço e que despontam como conflitos, os quais aparecem como luta pelo espaço.

Diante das mudanças e da necessidade de explicitá-las, uma pergunta se torna inevitável: qual a potência e os limites da Geografia como saber em direção à construção de um conhecimento do mundo como totalidade, a partir de sua condição de disciplina parcelar? A necessidade teórica da construção do entendimento do mundo contemporâneo impõe a necessidade de pensar a potência da noção de *produção do espaço* para o desvendamento deste, de modo a explicar o que há de novo, isto é, as novas dinâmicas que compõem, explicitam e desvendam a problemática espacial, em sua totalidade.

A Geografia e o espaço

Como ponto de partida para a análise, a Geografia nos coloca diante da necessidade de "pensar o espaço em sua complexidade", como sintetiza Lacoste.[10] Isso, a meu ver, não se realiza sem imensas dificuldades. Portanto, se é possível creditar à Geografia uma preocupação com a análise espacial, delimitando, assim, um campo pertinente de análise no conjunto das ciências sociais, então, a construção de uma compreensão sobre o seu sentido e significado no desvendamento da realidade se impõe. Não se trata, evidentemente, de defender a Geografia como ciência do espaço; nem, todavia, de sustentar a existência de um "espaço geográfico", mas de apreender o sentido da Geografia como disciplina capaz de produzir uma compreensão da espacialidade como momento de elucidação da realidade social. A dimensão espacial da realidade esclarece primeiramente com sua vertente de raciocínio a localização e a distribuição das atividades e dos homens na superfície da terra, e, em seguida, possibilita a aproximação em direção ao pensamento que considera o espaço em seus conteúdos sociais como uma das produções humanas que permitem a concretização da vida. Nesse sentido, a prática social é espacializada e a ação cumpre-se num espaço e tempo, realizando-se em várias escalas indissociáveis a partir do plano da vida cotidiana.

Desse modo, o espaço, enquanto construção intelectual e enquanto realidade real e concreta, ou seja, enquanto materialidade (objetividade) e representação (subjetividade), tal qual tratado pela Geografia, requer explicação. Trata-se de um processo delicado e complexo, todavia, nos deparamos com um *problema original*: o ponto de partida da Geografia para resolver essa questão repousa na sua condição de ciência parcelar. Nessa direção, se quisermos compreender o mundo como totalidade e também o nosso próprio lugar nele, o recurso às categorias universais é incontestável. A Geografia, ela própria fruto da divisão do conhecimento, só pode resolver a cisão da qual se origina pelo recurso à filosofia, posto que esta "guia o conhecimento servindo de mediação entre o todo e o momento parcial".[11]

Dessa primeira divisão surgem outras. A constituição da Geografia como conhecimento fez da análise do espaço (identificado, nos seus primórdios, como a superfície terrestre) o seu campo, e, desse modo, transformou-o em seu objeto de estudo a partir da prática dos homens e de sua repartição, criando uma gama de áreas diferenciadas. Tal preocupação colocou no centro da constituição da disciplina "a relação homem-natureza" que, ao longo de seu processo constitutivo, criou uma contradição insolúvel entre uma "Geografia física" (relacionada à geologia e à meteorologia) e uma "Geografia humana" (voltada ao caráter social e histórico do mundo). Mas, a partir dessa primeira divisão, a Geografia se subdivide em outras "*n* geografias" possíveis, sem que com isso seja potencializada sua capacidade de construir uma compreensão sobre o mundo. A Geografia física criou especializações que aprofundaram ainda mais a fragmentação da disciplina, a ponto de muitos se autodefinirem como geomorfólogos, pedólogos, ou climatólogos, antes de geógrafos, numa postura que tende a negar o conteúdo social da Geografia. Essas fragmentações têm afastado o saber geográfico de seus fundamentos filosóficos, encerrando a Geografia no mundo das profissões e não do conhecimento (o que, consequentemente, abre caminho para a alienação geográfica).

Da constatação da fragmentação da disciplina e de sua orientação, o plano da análise revela, ainda, outros problemas. O primeiro deles se refere à dimensão material do espaço, que criou para a Geografia uma armadilha nem sempre fácil de transpor. A aparente transparência do espaço produziu várias simplificações, dentre elas a construção de uma disciplina restrita ao mundo fenomênico, colocando-nos diante de um espaço imediatamente objetivo, em sua materialidade absoluta.

O desafio que está posto, portanto, é a exigência da fundamentação da *prática* dos geógrafos como necessidade de construção de um pensamento em busca de um saber sobre a realidade exterior ao pensamento e, todavia, interna a ele, estabelecida no mundo da práxis – como lugar do nascimento dos conceitos. Como nos lembra Pierre George, "para poder reivindicar um objeto próprio, a Geografia deverá colocar no centro dessas relações (de fatos e de movimentos) a preocupação com a existência dos homens",[12] surgindo daí a necessidade da elaboração teórica em íntima relação com o mundo da prática. Os termos acima assinalados constroem o caminho que permite deslocar o foco da compreensão do *espaço* para a *produção do espaço*, a partir da tese segundo a qual a sociedade em seu processo constitutivo de humanização produz continuamente um espaço num movimento perpétuo, tornando-o imanente a sua própria existência. A noção de produção aponta a análise de um conteúdo que transcende as formas morfológicas ou a paisagem para enfocar o processo constitutivo dessa produção bem como os sujeitos dela, as mediações que tornam o processo real, tanto quanto a distribuição dos produtos desse processo.

O enfrentamento do tema proposto envolve a potência e os limites da Geografia como ramo do saber em sua capacidade de produzir um conhecimento capaz de esclarecer o mundo moderno em seus movimentos de transformação.

> As propostas para a transformação ou estabilização de nossa disciplina são, nos agradem ou não, posições adotadas em relação a processos mais amplos de mudança social. A consciência desse fato básico deve informar o debate sobre aonde se dirige a Geografia e como deverá ser reestruturada para que afronte as dificuldades e cubra as necessidades contemporâneas [...]. A forma e conteúdo de dito conhecimento dependem do contexto social.[13]

Portanto, se o caminho da epistemologia sinaliza a necessidade da busca do modo como o próprio conhecimento geográfico se constitui enquanto tal, esse comportamento situa-se no plano da teoria da ciência e contempla a constituição do pensamento abstrato. Momento necessário, a epistemologia é insuficiente, pois existe o risco de ficarmos presos ao mundo das abstrações puras, independente da realidade, distante do plano da vida. Nessa perspectiva a razão dialética introduz o negativo, a potência que sinaliza as transformações reais, bem como a negação da busca de modelos que sistematizam a realidade. De um lado o negativo propõe a crítica da sociedade atual, sua lógica racional como superação do existente, das contradições vividas seja no que se refere às análises que autonomizam fragmentos da realidade (o econômico, a cultura, a natureza), bem como a necessidade de explicação dessa necessidade analítica de fragmentos da realidade, absolutizando-os como totalidade em si. De outro, desmistificando a lógica e a racionalidade que fundam o capitalismo e bloqueiam a via que permite o questionamento/transformação das condições extremas da desigualdade, explicitando a crise em seus vários planos: econômico, social, político e ambiental, numa unidade dialética. Portanto, estamos diante de um conhecimento da prática envolvendo sua transformação. Essa ideia aponta os limites da epistemologia, o que implica pensar o lugar da negação no método que se orienta na práxis.

O momento crítico

A atual situação da Geografia revela que o pensamento crítico e radical, condição da compreensão do mundo e que assinalou mudanças profundas nos anos 1970/80 no Brasil, encontra-se agora em refluxo. Se naquele momento a pesquisa acentuou a necessidade da construção teórica, o que permitiu questionar os limites da Geografia e as suas possibilidades de entender o mundo, vivemos hoje um momento em que o debate teórico e o marxismo aparecem envoltos numa nuvem de preconceito. Tal mudança foi feita sem uma profunda e rigorosa crítica das possibilidades e limites do pensamento de Marx, bem como da chamada *Geografia crítica*, fundada nessa perspectiva teórico-metodológica.

Em muitos casos, a Geografia, invadida pelo pensamento neoliberal que impõe a eficiência e a competência – qualidades intrínsecas à burocracia – como objetivo último, ganha uma expressão ideológica, o que recoloca a questão do papel (responsabilidade) do geógrafo na compreensão da sociedade atual. A ironia do momento é que o abandono do debate sobre a *produção do espaço* no conjunto da produção capitalista – como momento de crise do processo de acumulação – coincide com a extensão do mundo da mercadoria, isto é, a extensão da propriedade privada do solo urbano e da terra, transformando a cidade inteira em mercadoria vendida no mercado mundial como estratégia de acumulação através da produção da mercadoria-espaço.

É indispensável afirmar que existem várias possibilidades e caminhos para pensar o mundo através da Geografia.

O pensamento geográfico não é homogêneo, mas contraditório e múltiplo; um movimento sempre em constituição, acompanhando o da própria realidade. Também não é contínuo, apresentando, portanto, descontinuidades, simultaneidades. Nesse sentido, não podemos delimitar uma tendência homogênea e nem hegemônica. Convém não ignorar que existem várias possibilidades teórico-metodológicas abertas para a Geografia, como condição do conhecimento, posto que o desenvolvimento da ciência repousa na crítica. Mas, como escreve Brunet, "não são as pessoas que estão em questão aqui, são as ideias".[14] O autor argumenta, ainda, que a

> ideia em moda na geração presente é que tudo é válido. Modo cômodo: poderíamos dizer tudo, e não importa o quê, com a mesma legitimidade. Todo discurso é verdadeiro e merece consideração; sobretudo o meu, que é ainda mais igual que o outro. Diz-se de bom grado que a carta não é o território, que o pesquisador não busca a compreensão do real, que ele pode somente construir representações e trabalhar somente sobre elas[15] [...] a Geografia é diferenciada e conflituosa como toda ciência tem seus combates internos e seus debates externos ou o inverso [...] O que conta é nosso interesse em conhecer o mundo.[16]

No momento crítico atual, porém, não há consenso sobre essas possibilidades, mas, como todo consenso é autoritário (na medida em que destrói ou subjuga a diferença), esse momento adquire riqueza indiscutível. Todavia, o diálogo entre as diferentes correntes não se faz sem imensas dificuldades, uma vez que é difícil reconhecer a crítica como imanente ao ato de conhecer. A constituição de um saber geográfico, de suas formas de interpretação da realidade, da elaboração de teorias, se move num contexto histórico-social, o que significa dizer que as mudanças nos modos de pensar a Geografia são produto direto das transformações da realidade e da inserção do conhecimento no movimento do mundo e de seu conhecimento. Mas, se há conflitos nos modos de compreender o mundo através e a partir da Geografia, um ponto de partida aparece como inequívoco a todos os geógrafos: é possível construir uma análise da realidade a partir do espaço. Uma questão incômoda surge no horizonte: saber se é possível apontar a existência de um *espaço geográfico* ou de uma construção/compreensão do mundo ou da realidade a partir da Geografia.

Alguns geógrafos pretenderam abordar o espaço em sua pura objetividade, o que fez com que o espaço do geógrafo durante muito tempo tenha sido identificado com a superfície da terra. Nesse sentido, a Geografia, que em sua raiz grega significa descrever a terra (tarefa para exploradores e viajantes), realiza-se

INTRODUÇÃO

como descrição objetiva do mundo em sua pura materialidade. Decorre daí a construção da ideia de sua fusão com a noção de paisagem, ou, ainda, da ideia do homem como habitante do planeta, como propôs Le Lannou. Para di Meo, quatro elementos fundam o espaço da Geografia: a matéria constituindo toda a coisa; o espírito que lhe atribui uma significação; as três dimensões do campo da percepção humana; e os grupos sociais cujas lógicas guiam a ação individual.[17]

Todavia, o que parece central, como avalia Deneux, é que

> a Geografia atravessa os milênios e se confunde com a condição humana; o lugar do homem sobre a terra, a necessidade de se orientar, de se referenciar. Além do mais, o espaço ao qual cada um de nós é confrontado só existe em função da vida de cada ser.[18]

Trata-se, portanto, de avançar nessa direção a partir da ideia de que a atividade que produz a vida e com ela a realidade social realiza-se, necessariamente, num espaço-tempo apropriável para a ação. Se a natureza se coloca como condição essencial da qual o homem e depois o grupo humano retira o que necessita para viver, é também um meio dessa atividade, realizando-se ao longo do processo histórico como produto social sem, todavia, perder seu sentido natural. Assim, estabelece-se a tese de que o espaço se define pelo movimento que o *situa como condição, meio e produto da reprodução social* ao longo do processo civilizatório. Logo, o espaço se define (em seu conteúdo social e histórico) como uma das produções da civilização (nunca acabada, como ela). Desse modo, a partir da relação com a natureza um mundo começa a ser produzido, ininterruptamente, apontando determinações próprias de cada período e constituindo-se como um conjunto de obras e produtos realizados pelo homem no âmbito da atividade que metamorfoseia a natureza em mundo social.

Nessa perspectiva, o espaço, tal qual pode ser pensado no movimento do pensamento geográfico, funda-se e ganha sentido na análise da ação do homem no planeta como movimento da atividade que permite a vida na terra em sua objetividade material, constitutiva do mundo social, na qualidade de processo civilizatório. Nessa condição de movimento, o espaço é duração e simultaneidade de atos e ações, situando a possibilidade de compreensão do mundo no plano da práxis. O caminho da análise impõe o questionamento das transformações da realidade e a pertinência/necessidade de superar conceitos, na indissociabilidade de dois conjuntos de problemas: de um lado a dimensão real e concreta do espaço vivido em suas cisões como produto prático da produção do espaço abstrato que se transforma na velocidade das condições impostas pela técnica (como movimento necessário à realização da acumulação); e, de outro, a constituição de um pensamento sobre o espaço, desvendando seus conteúdos na complexidade e unidade da vida social.

A noção de *produção do espaço*, indicada como campo dessa reflexão, marca a passagem da compreensão do *espaço produto da ação humana* para a compreensão do movimento triádico, que entende o espaço pelo movimento ininterrupto que o define enquanto condição, meio e produto da reprodução social. O sentido do espaço está, portanto, associado à ação humana, à produção, ligando-se à noção de atividade e de trabalho, o que o situa no âmbito do processo de produção, do modo como o trabalho se divide a partir da hierarquização do grupo, de sua orientação, das relações de propriedade que comandam a divisão de seus frutos, a técnica e o conhecimento. O homem, o grupo, e, mais tarde, a sociedade encontram-se diante das necessidades de sua produção, o que se dá inicialmente como produção das condições que permitem a realização da vida defrontando-se com a natureza – com isso, a atividade, o modo de realizar a produção, e um modo de consumi-la requer um conjunto de mediações. Entre os indivíduos do grupo ou da sociedade, as normas diante do trabalho a ser efetivado compõem-se de relações formais, reais, práticas simbólicas e obriga-nos a pensar nas relações sociais que constituem esse processo. A produção material e também a produção dos indivíduos são determinadas socialmente, fazendo aparecer indivíduo e produtos como resultados da história – processo incessante de constituição do humano. Isso significa dizer que há uma relação dialética produção/reprodução da vida humana – produção/reprodução do espaço.

A análise caminharia, assim, no desvendamento dos processos constitutivos da produção do espaço social como movimento e processo numa totalidade mais ampla e aberta. Nessa perspectiva, a realidade social aparece como prática sócio-espacial, espaço-tempo da ação – o que nos obriga a pensar o sentido e conteúdo dessa ação, na indissociabilidade entre a produção do espaço e a produção-reprodução da vida social. Assim, a problemática espacial esclarece o momento do processo de reprodução da sociedade apontando as contradições desse movimento e iluminando os resíduos – momentos em que a vida reage e supera as contradições que emanam de sua produção. Portanto, na produção do espaço ganha sentido e significado a vida do ser humano, de modo que a problemática espacial transcende a mera objetividade do processo. Dessa forma, a noção de produção permite pensar, de um lado, a orientação do processo constitutivo do espaço, que ao longo do processo histórico o transforma em mercadoria no contexto da lei do valor e da realização da propriedade desenvolvendo até quase o limite o mundo da mercadoria; de outro, encontrar os momentos na vida cotidiana em que o percebido pode construir o caminho da consciência da alienação (o indivíduo vivendo em suas cisões profundas numa prática sócio-espacial que caminha sob a racionalidade capitalista) e das formas de sua superação como negação do mundo como mercadoria, traduzindo-se em lutas em torno da produção do espaço.

A análise contempla, desse modo, o ato em si real e concreto da produção material do espaço que aponta: a) a tendência ao domínio quase completo da forma mercadoria e do modo como a abstração concreta exerce influência na vida cotidiana pela orientação da reprodução capitalista; b) a extensão do mundo da mercadoria, o aprofundamento das relações espaciais com o desenvolvimento das técnicas de transporte e comunicação, e com ela a subsunção da vida à forma mercadoria como prática real e concreta, como realização da felicidade – um conjunto de atos que delineia a vida mercantilizada e o homem tornado mercadoria em potencial; c) as novas relações sociais espaço-Estado no contexto do processo de financeirização redefinido as relações sócio-espaciais em direção à criação dos fundamentos para a reprodução realizada através de ações e políticas que são fundamentalmente espaciais; d) o que residualmente escapa ao domínio da mercadoria sob a égide do uso, tal como a apropriação como negação da propriedade e da ordem burguesa que nela se funda, realizando-se em torno do espaço como luta pelo espaço, o que revela a inversão da supremacia do valor de troca sobre o valor de uso como momento necessário da acumulação capitalista.

Mas é preciso considerar que a reprodução do capitalismo se realiza em direção a novas produções, portanto, há reprodução do mesmo e do diferente como salto qualitativo posto que, como assinala Lefebvre, "a diferença nasce do idêntico e o devir passa pelo repetitivo",[19] apontando o papel da espacialidade – a reprodução do espaço como momento necessário – do movimento que vai do espaço enquanto condição e meio do processo de reprodução econômica ao momento em que, aliado a esse processo, o espaço, ele próprio, é o elemento da reprodução. Está posto como desafio para a análise a necessidade da superação das cisões da realidade e do pensamento que acompanha a crise espacial, o que requer a construção de um caminho para superar o "estado crítico" com o qual a sociedade se depara. Esta, todavia, traz em si o movimento possível de passagem do quantitativo – o espaço reproduzido sob a forma de mercadoria e portador do processo de valorização – ao qualitativo – as possibilidades contidas na vida que realiza através do uso do espaço.

No desenvolvimento desse raciocínio pode-se formular uma hipótese: a história da produção da sociedade repousaria na constituição de uma história do espaço que pressupõe um processo civilizatório acontecendo. A produção do espaço como horizonte de análise aponta como trajeto a dialética produção/reprodução, que superaria o horizonte de uma abordagem antropológica da realidade em tela. A noção de produção/reprodução aparece como tentativa de pensar o caminho da compreensão da realidade numa totalidade mais vasta, sem fragmentá-la. Envolve, dessa forma, pensar a historicidade do homem – capacidade criadora de criar história – e o devir aí contemplado. Nesse sentido, no seio do processo de produção do espaço supera-se a análise que se fecha ao que está contido nele mesmo: as formas materiais, a paisagem, a morfologia. Mas a forma não deixa de ser importante e necessária na medida em que as coisas contêm relações ("o espaço é realidade social, conjunto de relações e formas").[20]

Sobre os fundamentos

O raciocínio aqui desenvolvido contempla, evidentemente, um *modo de pensar a Geografia*, o que, necessariamente, não exclui outros. É apenas um caminho possível situando-se no horizonte aberto pelas obras de Karl Marx e Henri Lefebvre e que constitui o que Maurício de Abreu chama de abordagem *marxista-lefevriana*.[21] Em função do exacerbado preconceito que na atualidade, infelizmente, reina entre os geógrafos, convém reiterar que essa abordagem está longe de significar uma leitura dogmática de Karl Marx e/ou de Henri Lefebvre, transformando seus escritos em modelos de análise (procedimento este que destrói a dialética), tampouco se trata de uma "geografização" das obras por eles escritas. Significa, antes, uma orientação teórico-metodológica, a partir da qual é possível construir uma "análise da realidade", prolongando o pensamento desses autores, como movimento de superação, com base nos caminhos abertos pela Geografia. Esse viés permite enfrentar a limitação da Geografia enquanto *ciência parcelar* propondo a análise da totalidade do processo da reprodução social como constituição de uma espacialidade específica que lhe dá conteúdo. Nessa perspectiva, a produção do espaço ganha um conteúdo social, constituindo-se historicamente.

O pensamento marxista reclama o deslocamento da análise do plano da ontologia, e também do plano da epistemologia – prisioneiros do mundo abstrato das ideias – para aquele que articula a teoria (plano da produção do conhecimento como ato de compreensão do mundo) e a prática (práxis) em sua indissociabilidade. Isso é absolutamente central posto que significa, em seu desdobramento, considerar que o real, em sua essência, existe num movimento ininterrupto articulando passado-presente-futuro. Nessa perspectiva a dialética teoria-prática realizar-se-ia num segundo movimento: aquele que implica a relação realidade-virtualidade. Não se trata mais de indagar sobre a filosofia, mas sobre o mundo que deve ser transformado, como realização da própria filosofia, encontrando em seus interstícios os pontos de resistência em direção a sua transformação radical. Nessa direção, o passado se encontra na realidade presente, que por sua vez traz como possibilidade a realização da utopia. Mas, entre ambos, permanece a exigência do questionamento sobre o que aparece como o "óbvio", isto é, buscando "as relações humanas por trás das relações reificadas, iluminando as ambiguidades".[22] No plano do conhecimento isso significa a superação da descrição apontando o conhecimento cumulativo e dinâmico, como possibilidade renovada do entendimento do mundo em mo-vimento. Essa orientação também acentua a impossibilidade da constituição do conhecimento como modelo fundado em verdades absolutas, apontando a crítica como condição própria do trabalho intelectual.

Resultam daqui duas possibilidades que se abrem à análise. De um lado, uma realidade em transformação exigindo sempre novas teorias e conceitos – um conhecimento em constituição que indicaria uma postura diante das leituras de Marx como uma obra aberta e em superação. De outro lado, sinalizaria na direção de que essa realidade contempla um movimento intrínseco de supera-ção (dela própria e do conhecimento sobre ela), o que nos obriga a entender a realidade concreta e o que ela traz de possibilidade para o futuro da sociedade (como projeto). Assim o caminho apontado por Marx coloca-nos diante do que Henri Lefebvre denomina de *virtualidade* – o que significa que a obra de Marx nos permite atualizar a utopia no mundo moderno.

Mas essas ideias, ao se constituírem como horizonte para analisar a prática sócio-espacial, requerem como pressuposto uma compreensão sobre o espaço. Em minha tese de doutorado,[23] partindo da premissa de que o processo de constituição da humanidade é aquele de produção do espaço, concluí que é possível defini-lo como condição-meio-produto da ação humana, o que sig-nificaria afirmar que é através do espaço (e no espaço), ao longo do processo histórico, que o homem produz a si mesmo. De modo que o mundo aponta uma prática real e concreta, que é espacial. Com isso, destaca-se o espaço enquanto dimensão indissociável da vida humana. Tal conclusão foi possível a partir do desdobramento da noção de produção desenvolvida por Marx. A produção como categoria central de análise abre, antes de mais nada, a perspectiva de desvendar a vida humana – a produção como atividade/ação essencial do humano – ao mesmo tempo em que permite pensá-la em cada momento, circunscrita a um determinado grau de desenvolvimento da história da humanidade, o que significa dizer que a produção se define com características comuns em diferentes épocas fundadas em relações reais que se desenvolvem no bojo de um movimento real e, em cada momento dessa história, em suas particularidades. Portanto, a noção de produção contempla também um duplo caráter: ela se refere ao próprio processo constitutivo do humano (do ser genérico) e tem um caráter histórico. Mais do que pensar uma produção específica, o conceito em Marx é globalizante e aponta tendências contraditórias – renovação/conservação/preservação/continuidade/rupturas.[24]

Todavia, o espaço guarda o sentido do dinamismo das necessidades e dos desejos que marcam a reprodução da sociedade em seu sentido mais amplo, a realização da vida para além de sua sobrevivência. Os fundamentos da reprodução, como afirmamos, contempla uma especificidade histórica, que hoje se explicita como "capitalista". Decorre dessa determinação um conjunto de condições para sua realização, a existência de classes sociais específicas e contraditórias, enfrentando-se a partir de interesses diversos, tendo a realização do processo de valorização como finalidade última e necessária da acumulação. Nessa direção, abre-se como perspectiva analítica o desvendamento da realidade em constituição, iluminando o plano da análise da vida cotidiana enquanto lugar da reprodução contraditória da vida. Isso significa dizer que o processo de produção do espaço, nessa perspectiva, não se reduz à produção material do mundo.

A perspectiva marxista – que possibilita pensar o mundo enquanto prática, o mundo enquanto processo de transformação de si mesmo, como movimento ininterrupto, assim como pensar tanto o sujeito quanto a sociedade realizando-se – permite aos geógrafos reverem, criticamente, suas ideias sobre a relação homem e meio, requerendo, como pressuposto, um entendimento sobre o espaço como conceito teórico e como realidade concreta. Assim, a construção continuada de uma compreensão sobre a realidade – do ponto de vista da Geografia – requer um esforço e uma crítica continuados do conhecimento produzido. Envolve a exigência do reconhecimento de um momento crítico diante da fragmentação da ciência, demandando um esforço de interrogação, na busca da totalidade como necessidade de superação das fragmentações às quais o pensamento e a Geografia estão submetidos – a superação desse movimento imposto pelo mundo moderno pode ocorrer pela busca de categorias universais de análise,

INTRODUÇÃO

como já assinalado. Portanto, o ponto de partida é a construção, na Geografia, da noção de produção do espaço.

Para essa reflexão, superando a noção de produção elaborada por Marx, há alguns momentos do pensamento de Lefebvre que são centrais. O primeiro deles se refere ao fato de que, em sua crítica à filosofia, Lefebvre produz uma *outra filosofia* que supera a separação ocorrida entre o *logos* (razão, linguagem, lógica) e a subjetividade, ligando a ação e a realidade social à apreensão de uma totalidade que difere do sistema que se pretende coerente, estável e positivo. A filosofia deixou de fora de sua reflexão o que Lefebvre chama de mundo *extrafilosófico*, e, com ele, o *cotidiano* que traz o vivido ao pensamento teórico, uma vez que sua análise desvenda a existência da sociedade. O caráter crítico em relação ao existente e a relação com o mundo não filosófico – que se transpõe em uma promessa utópica – revela a tendência à totalidade, colocando no horizonte a perspectiva de pensar o homem total. Desse modo, acentua-se a riqueza do que o autor chama de plano do irracional: o desejo, o sonho, o imaginário, que não podem ser desconsiderados na análise.

O segundo momento refere-se ao fato de que a preocupação de Henri Lefebvre com o entendimento do mundo moderno coloca-o diante de novas questões, o que implica, do ponto de vista metodológico, a necessidade de superação e/ou desenvolvimento de alguns conceitos trabalhados por Marx como o de *modo de produção,* ressaltando o sentido filosófico da noção de produção e, com isso, iluminando, em sua profundidade, a noção de *reprodução*. Nesse movimento o autor se depara com o que chama de *novas produções*: o urbano, cotidiano e espaço social. É assim que a problemática do espaço desenvolve-se nas obras do autor, a partir da discussão em torno da noção de produção, posto que a situação das forças produtivas não acarreta somente a produção de coisas no sentido clássico do termo, a produção é também reprodução de relações sociais; o que acrescenta algo de novo à produção. Existe, portanto, a produção-reprodução do espaço social como necessidade do modo de produção enquanto manutenção das relações de dominação. Com base nesse processo, não podemos omitir nem o lado estratégico e político da reprodução, nem a importância que o Estado assume para a manutenção geral das relações sociais. Nesse raciocínio, o espaço euclidiano desaparece enquanto referencial. O espaço revela sua especificidade quando cessa de ser confundido com o espaço mental e identificado com o físico, ganhando a dimensão de produto social, posto que contém relações sociais de reprodução, lugares apropriados, relações de produção. Nesse sentido "o estudo do espaço social e de sua organização (ao mesmo tempo, que o estudo do tempo social e de sua organização ligada àquela do espaço)" permitiu a Lefebvre mostrar que "não existem somente entre relações de produção e modo de produção (base e superestrutura) mediações abstratas como o direito, mas mediações concretas e práticas como aquela do espaço".[25]

Cada momento histórico abre um campo ilimitado de possibilidades, trazendo, como consequência a necessidade de uma reflexão que o elucide. Para Lefebvre, a segunda metade do século xx, particularmente os anos 70, aponta uma mudança no sentido da história em que não se reconhece mais os traços da historicidade, pois as histórias particulares realizam-se agora no seio do mundial que se anuncia. Desse modo, o mundial passa a ser o ponto de partida e de chegada da análise, o que permite colocar acento sobre o possível e não sobre o real. Nesse sentido, o mundo se faz mundo tornando-se o que era virtualmente; e o mundial que se entrevê no horizonte como possibilidade já parcialmente realizada (um elemento indiscutível na elucidação do mundo moderno, posto que o global e a globalidade, o total e a totalidade apresentam-se sob a figura do mundial) dá um novo sentido à práxis. Nessa direção, Lefebvre desenvolve a tese de que há um salto qualitativo do histórico ao mundial. Todavia, a relação historicidade-mundialidade é conflituosa. "O conflito entre historicidade-mundialidade resolve-se na produção de um espaço mundial enquanto obra do tempo histórico no qual este se realizou".[26] O interesse se deslocaria assim, das coisas no espaço para a produção do espaço, um espaço da mundialidade.

Levando, portanto, às ultimas consequências a afirmação constitutiva do pensamento marxista, Lefebvre analisa o modo como a forma essencial da contradição entre as relações de produção e as forças produtivas aparecem atualmente, distinguindo o momento em que o desenvolvimento das forças produtivas acarretou um salto qualitativo, localizando-se de outro modo no espaço. Dessa forma, avalia que as mercadorias e os objetos parecem ter mudado de sentido, pois no processo de mundialização do capital há transformação da mercadoria e de seu equivalente. Nessa escala, o objeto mudou qualitativamente e o autor conclui com esse raciocínio que agora não se vende mais tijolos, ou habitação, mas cidades. Tal processo pode ser exemplificado pela ação do planejamento estratégico que transformou Barcelona ou, no caso do Brasil, Curitiba em cidades vendáveis no mercado mundial do turismo – condição da reprodução do valor no mundo moderno por meio da venda de parcelas do espaço aptas a serem consumidas.

Na obra de Lefebvre, a problemática espacial está essencialmente vinculada à reprodução das relações sociais de produção que se desenvolve na utilização

INTRODUÇÃO

de um espaço social que se produz em escala mundial. A noção de reprodução torna possível apreender o momento a partir do qual o espaço passa a ser fundamental no pensamento do autor para esclarecer como determinado modo de produção, num determinado momento da história, realiza-se no espaço que aparece enquanto condição para a reprodução ampliada assegurada pelo Estado. Assim, para Lefebvre, a noção de produção desdobra-se na estratégia fundada no repetitivo, no burocrático, no cotidiano como momento necessário do processo de acumulação do capital, desenvolvendo essas relações para toda a sociedade, subsumindo-a às necessidades da acumulação envolvendo as relações de produção que se realizam, por múltiplos procedimentos, notadamente, no e pelo espaço.[27]

É assim que a problemática do espaço de Lefebvre fundamenta-se na sua reprodução, um momento histórico da reprodução social no qual as relações sociais se realizam concretamente na condição de relações espaço-temporais. No livro *De l'État*, o autor assinala que a compreensão da história a partir do século xx exige a consideração da espacialidade num movimento da história que vai de uma dialética do tempo à do espaço. Isto é, refere-se ao desdobramento decorrente do desenvolvimento do processo de reprodução social, por meio do qual haveria na história um momento em que o processo de reprodução se realiza num outro patamar, que é aquele da produção/reprodução do espaço, momento em que implodem os referenciais vindos da história. Nesse sentido, o espaço permitiria a análise do mundo moderno na medida em que aparece como o mediato e o imediato, pertencendo a uma ordem próxima e distante: o lugar e o mundial. Da mesma forma, a mundialização distingue-se na prática da vida cotidiana, substituindo globalidade e totalidade como orientação. Para Lefebvre a constituição da mundialidade do espaço refere-se em primeiro lugar à implosão da cidade histórica que acompanha dialeticamente a urbanização do espaço inteiro (pois as contradições do capitalismo geram espaços em vias de explosão, bem como fronteiras nacionais que irrompem em direção a realidades supranacionais) e, em segundo, refere-se à ação do Estado que é global e estratégico, e que em seu processo de constituição liga-se ao espaço produzido tendo por mediação a morfologia espacial.

A reprodução das relações sociais neste momento envolve, portanto, a ação estratégica do Estado que produz um espaço apropriado a partir de sua utilização no plano vivido. Assim, neste momento da história a reprodução se realiza no espaço concreto, enquanto condição, sob o comando do Estado e envolve o saber, o conhecimento, as relações sociais, as instituições gerais da sociedade e a produção do espaço, o que significa que as relações sociais processam-se através da lógica da ação política, gestão das relações sociais e desenvolvimento das forças produtivas pelo Estado, envolvendo o seu controle sobre a técnica e o saber.

Na obra de Lefebvre a consideração da noção de espaço adquire importância no momento em que se depara com a necessidade de esclarecer a reprodução continuada do capital na segunda metade do século XX como momento de superação de suas crises. Numa primeira aproximação, a *problemática do espaço* desenvolve-se nas obras do autor a partir da discussão da noção de modo de produção. Lefebvre aponta para o fato de que a situação das forças produtivas, naquele momento, não se restringiria à produção de coisas no sentido clássico do termo, mas surgiria como reprodução de relações sociais, além de apontar também a compreensão da reprodução do espaço social, como necessidade do modo de produção capitalista em sua fase de realização. A reprodução se realizaria, para o autor, no espaço concreto como condição necessária à realização da acumulação sob o comando do Estado (envolvendo o saber, o conhecimento, as relações sociais, as instituições gerais da sociedade e abrindo-se para a produção do espaço). A tese central de sua obra *A produção do espaço* reside na ideia de que

> o modo de produção organiza, produz, ao mesmo tempo em que certas relações sociais, seu espaço (e seu tempo). É assim que ele se realiza, posto que o modo de produção projeta sobre o terreno estas relações, sem, todavia deixar de considerar o que reage sobre ele. Certamente, não existiria uma correspondência exata, assinalada antes entre relações sociais e as relações espaciais (ou espaço-temporais). A sociedade nova se apropria do espaço preexistente, modelado anteriormente; a organização anterior se desintegra e o modo de produção integra os resultados.[28]

Partindo da constatação da importância que a produção do espaço ganha como momento da reprodução da sociedade sob o capitalismo, Lefebvre, por meio do método progressivo-regressivo, descobre sua gênese e fundamento. Nesse sentido, descobre a história do espaço. Mas não é do espaço como realidade e conceito que Lefebvre vai tratar, e sim da *produção do espaço*, uma vez que através do debate em torno da noção de produção é possível apreender o momento a partir do qual o espaço passa a ser fundamental para a reprodução de determinado modo de produção. O que parece central na obra é a ideia de que, num determinado momento da história, o processo de reprodução da sociedade, sob o comando do capital, passa a se realizar na produção do espaço. É a partir desse momento que o espaço adquire para o autor outro significado.

A meu ver, uma noção que percorre toda sua obra e que tem apoio na obra de Marx refere-se aos conteúdos do conceito de produção em sua dupla determinação: a) filosófica – o pensamento que não concebe apenas a produção material, mas também o conjunto dos processos e relações sociais, e, com isso, engloba a produção das relações sociais em todas as suas dimensões envolvendo suas possibilidades; e b) material – a produção de objetos, produtos, mercadorias, o que significa dizer que o processo de produção produz um mundo objetivo. Mas a noção também ilumina a produção do espaço como condição da reprodução da vida social, de maneira que a prática sócio-espacial aponta uma objetividade. Contempla, ainda, o processo de subjetivação, que é a produção do mundo da mercadoria com sua linguagem e representação. Portanto, ao mesmo tempo que o homem produz o mundo objetivo (real e concreto), produz igualmente uma consciência sobre ele, e é assim que o homem se produz no processo, enquanto humano, consciência, desejos, gerando um mundo de determinações e possibilidades, capaz de metamorfosear a realidade (enquanto possibilidade de realização do negativo).

Daqui derivamos a *hipótese* de que o ato geral de produzir da sociedade – no sentido de permitir sua reprodução enquanto espécie como atividade que produz a vida em todas as suas dimensões – apresentar-se-ia como ato de *produção do espaço*, e, ao mesmo tempo, esse espaço é condição e meio de realização das atividades humanas em sua totalidade. Trata-se da reprodução da sociedade definindo-se como processo/movimento em constituição como o da própria sociedade. Sintetizando os argumentos, é possível constatar que as relações sociais realizam-se como relações reais e práticas, como relações espaço-temporais. A produção do espaço, nesse sentido, é anterior ao capitalismo e se perde numa história de longa duração iniciada no momento em que o homem deixou de ser coletor e caçador e criou condições de, através de seu trabalho, transformar efetivamente a natureza (dominando-a) em algo que é próprio do humano. O espaço como produção emerge da história da relação do homem com a natureza, processo no qual o homem se produz enquanto ser genérico numa natureza apropriada e condição de sua produção. Desse modo, no processo a natureza vai assumindo inicialmente a condição da realização da vida no planeta, meio através do qual o trabalho se realiza, até assumir a condição de criação humana – como resultado da atividade que mantém os homens vivos e se reproduzindo – no movimento do processo de humanização da humanidade.

Por fim, o terceiro ponto que gostaria de salientar da obra de Henri Lefebvre, que esclarece os conteúdos da reprodução social, é sua reflexão sobre a cidade e o urbano. Para o autor o enorme movimento de urbanização que ocorreu a partir dos anos 1960, quando o capitalismo toma o mundo todo, é o momento da reprodução da cidade, de sua explosão, da extensão das periferias, no movimento que cria um novo espaço. A extensão do capitalismo ao mundo inteiro, com o desenvolvimento da troca, e com ele o do mundo da mercadoria (de sua lógica, linguagem), gera a necessidade de desvendamento do conteúdo e sentido dessas transformações, centrando a análise no momento e movimento da reprodução da sociedade, saída da história da industrialização. Assim, para entender o mundo de hoje existe uma nova problemática, a urbana, que revela os conflitos humanos e as contradições da sociedade situadas no conjunto dos problemas de nossa época.

Na imensa complexidade de sua obra sobre a cidade, há uma série de desafios capazes de nos fazer pensar sobre um caminho possível para o desvendamento do fenômeno urbano hoje, o que evidentemente não se realiza sem imensos riscos. A construção da problemática urbana nos obriga, inicialmente, a considerar o fato de que ela não diz respeito somente à cidade, mas nos coloca diante do desafio de pensarmos o urbano. Nessa direção, a sociedade urbana em constituição – em parte real e em parte virtual[29] – não mais designaria a vida na cidade, mas surge da explosão (com a imensa urbanização) da cidade, com os problemas da deterioração da vida urbana. Enquanto momento histórico, o urbano engloba, mas antes transcende, a cidade. É assim que para Lefebvre o conceito de urbano permite analisar um duplo processo, aquele de implosão-explosão, no qual a cidade de origem não desaparece com a modernidade ao mesmo tempo que se dispersa a seu redor como aglomeração. O termo designaria um processo mais amplo, onde se desenvolve a modernidade e cotidianidade no mundo moderno,[30] sublinhando o que se passa fora da empresa e do trabalho apesar de ligado à produção, posto que o modo de produção existente ampliou o domínio da mercadoria, estendendo seu poder para todo o território, inundando e redefinindo relações sociais. Nessa direção, o urbano acentua a produção do cotidiano.[31] A vida cotidiana apontaria o modo como se realizaria a reprodução, isto é, ela apareceria no contexto da reprodução, dominada e organizada como um espaço-tempo, um espaço de cuidados. Tal espaço tende a constituir-se em sistemas, porque a reprodução no mundo moderno não se faz ao acaso, uma vez que é o resultado do mundo da mercadoria, aparecendo, portanto, como programa do capitalismo e do Estado que organiza a vida cotidiana porque organiza a sociedade de consumo.

É nesse sentido que Lefebvre afirma[32] que a problemática urbana se desloca e modifica profundamente a problemática saída do processo de industrialização pela existência de um salto qualitativo importante: o crescimento quantitativo da produção econômica produz um fenômeno qualitativo que a traduz numa problemática nova, a problemática urbana. Esse momento aponta para o fato de que há exigências novas no capitalismo, momento em que a produção cessa de assegurar espontaneamente a reprodução, e em que a historicidade se transforma em mundialidade. Desse modo, o capitalismo, no curso de sua realização, se transforma e a reprodução sai da produção de mercadorias *para ganhar a sociedade toda*. Instaura-se, então, o que Henri Lefebvre denomina de cotidianidade como nível da análise, uma vez que é o lugar em que se estabelece o neocapitalismo. Como afirma Lefebvre, trata-se do lugar onde se reproduzem as relações sociais para além do local do trabalho, na sociedade inteira, no espaço inteiro. Assim o urbano enquanto realidade real e concreta e enquanto virtualidade, isto é, uma realidade em constituição, aponta as transformações, bem como os múltiplos fatores possíveis. Nessa direção, a crítica confronta o real e o possível (seu pensamento não se reduz ao concretizado, ao realizado, pois sua reprodução contínua em seus movimentos contraditórios revela-o como virtualidade) e a estratégia reúne teoria e prática.

A análise da produção do espaço abre-se, hoje, como um campo de possibilidades concretas para a realização da reprodução social que dá sentido e conteúdo ao desvendamento do mundo moderno. Orientada em direção ao futuro, ela contempla um projeto.

* * *

O conhecimento se insere no movimento da reprodução da realidade como necessidade de apreender os seus aspectos novos que se revelam e se transformam. Ele se apoia numa determinada teoria da realidade, pressupondo uma determinada concepção da realidade, como elemento do todo dialético. O pensamento nasce, para Hegel, de dentro dos conflitos. Para Henri Lefebvre nasce da vida e da morte em confronto; da separação e reencontro entre formas e conteúdos. Para Eurípedes, a ideia da busca da verdade dá-se por amor à verdade, baseia-se na liberdade de indagar sobre a ordem e a desordem das coisas. No horizonte está sempre a possibilidade da descoberta e da aventura que esse ato implica, a possibilidade de criação que fascina.

Notas

[1] Convém não esquecer a célebre frase de Lúcio Costa: "a cidade que eu criei". Saída das pranchetas, a cidade pouco se relaciona com os desejos e necessidades da vida social. Vazia de conteúdo e destituída de referenciais, Brasília é a forma abstrata preenchida pelo poder.

[2] O interessante é que a modernidade se realiza com o resgate do primitivo. Podemos fazer referência à pintura cubista de Picasso (*Demoiselles d'Avignon*) e, novamente, à *Sagração da primavera* de Stravinsky.

[3] O desenvolvimento dessa ideia encontra-se em meu livro *Espaço e tempo na metrópole*, disponível no site <www.gesp.fflch.usp>.

[4] J. Lévy, *Le tournant géographique*, Paris, Belin, 1999, p. 120.

[5] Como aponta Henri Lefebvre em várias de suas obras, dentre elas *Critique de la vie quotidienne*, Paris, L'Archer Editeur, 1981.

[6] Cf. J. Lévy, *Le tournant géographique*, Paris, Belin, 1999, dentre outros autores.

[7] M. Lussault, *L'homme spatial*, Paris, Éditions du Seuil, p. 31 [tradução nossa].

[8] D. Hiernaux, e A. Lindón, *Tratado de geografía humana*, Barcelona, Editorial Anthropos, 2006, p. 9.

[9] D. Harvey, *Espaços da esperança*, São Paulo, Loyola, 2004, pp. 80-1.

[10] Y. Lacoste, *Paysages politiques*, Paris, Biblio Essais, 1990, p. 35.

[11] A. Heller, *A filosofia radical*, São Paulo, Brasiliense, 1983, p. 11.

[12] P. George, *Os métodos em Geografia*, São Paulo, Difel, 1972, p. 15.

[13] D. Harvey, *Espacios del capital*, Madrid, Ediciones Akal, 2007, p. 123.

[14] R. Brunet, "L'espace, règles du jeux", em F. Auriac e R. Brunet, *Espaces, jeux et enjeux*, Paris, Fayard (Fondation Diderot), 1986, p. 299.

[15] Idem, p. 308.

[16] Idem, pp. 302-3.

[17] G. di Meo, *Geographie sociale et territoire*, Paris, Nathan, 2000, p. 16.

[18] J-F. Deneux, *Histoire de la pensée géographique*, Paris, Belin, 2006, p. 6.

[19] H. Lefebvre, *Le retour de la dialectique – 12 mots cléfs pour le monde moderne*, Paris, Méssidor, 1986, p. 98.

[20] H. Lefebvre, *La production de l'espace*, Paris, Éditions Anthropos, 1981, p. 135.

[21] O que me parece bastante adequado, por isso a adoto neste livro.

[22] A. Heller, *A filosofia radical*, São Paulo, Brasiliense, 1983, p. 16.

[23] *A (re)produção do espaço urbano*: o caso de Cotia, São Paulo, Edusp, 1992 [defendida em maio de 1987].

[24] Esse é o movimento delineado por Marx nos *Grundrisse*, em que a noção de *produção* é analisada em sua universalidade. (K. Marx, *Grundrisse, 2. Chapitre du Capital*, Paris, Éditions Anthropos, 1968.)

[25] Idem, p. 157.

[26] H. Lefebvre, *De l'Etat*. Paris, Union Générale d'Éditions, 1978, v. 3 e 4.

[27] H. Lefebvre, *Les temps de méprises*, Paris, Stock, 1975, cap. ix.

[28] H. Lefebvre, *La production de l'espace*, Paris, Éditions Anthropos, 1981, prefácio, p. vii.

[29] Ideia apresentada no livro *A revolução urbana*.

[30] H. Lefebvre, *A revolução urbana*.

[31] H. Lefebvre, *Le retour de la dialectique – 12 mots cléfs pour le monde moderne*, Paris, Méssidor, 1986.

[32] No livro *Espace et politique*, sequência do *Le droit à la ville*, Paris, Éditions Anthropos, 1968.

THAUMAZEIN[1]

> *"Atreva-te a pensar."*
> Homero

Condição da existência humana, a natureza se metamorfoseia, ao longo da história, em produção social. A sociedade se constitui como realidade prática envolvendo um conjunto de produções, criando objetos, bens e coisas, constituindo, enfim, um mundo humano. Nesse processo é o próprio homem que se produz enquanto tal e esse movimento abarca a produção do espaço, razão de ser da sociedade. Nosso ponto de partida é de que a existência humana é espacial, e, portanto, nenhuma relação social realiza-se fora de um espaço real e concreto. O processo histórico revela um movimento da práxis social que vai da transformação da natureza primeira à produção do espaço e deste à sua reprodução. Desse modo, o espaço é produto e expressão prática daquilo que a civilização, ao longo do processo histórico, foi capaz de criar. Assim, a natureza social do espaço só faz esclarecer o mundo moderno.

Não se trata, todavia, de um produto qualquer. Em sua mobilização perpétua de transformação a partir da natureza (que o movimento de reprodução retoma), o próprio espaço produzido é condição de nova produção. Portanto, o processo abrange simultaneidade e coexistência, ou, em outras palavras, a natureza primeira e a segunda natureza no movimento da produção-reprodução do espaço. O transcurso dessa ação contempla relações constitutivas da vida em seu movimento necessário de recriação como ato continuado de produção da história humana, abarcando um modo do sujeito de pensar e de se perceber na qualidade de indivíduo no mundo.

A Geografia em sua gênese aparece como indagação sobre as formas espaciais que assumem a conquista da terra pelo homem, sobre as formas da vida numa determinada porção do planeta. A construção do pensamento geográfico se realiza a partir da localização das atividades humanas e de sua distribuição diferenciada na superfície da terra. Das diferenciações dessa ocupação evidencia-se a capacidade do homem de transformar a natureza em *meio*. A noção de meio aparece na Geografia associada àquela de meio ambiente, meio físico, meio circundante. É recorrente a ideia de relação do homem com o meio físico que o cerca, meio este que pode dar origem a "diversas paisagens humanas humanizadas", como escreve Pierre George.[2] Tal ideia também está associada à de organização, em que o homem atua sobre a natureza ou meio natural. Mas a relação homem/natureza está no centro constitutivo da ciência colocando para a Geografia um conjunto de dificuldades. Por essa razão, o tratamento dessa relação assume várias formulações que vão compor o centro do debate em torno da necessidade de definição do *espaço* como um objeto de pesquisa e/ou campo privilegiado de estudo, postura que certamente se desdobra analiticamente ao longo da constituição da Geografia. É assim que para Brunet[3] a tarefa particular do geógrafo é analisar o processo de funcionamento, de organização e diferenciação dos espaços, de maneira que "produzir o espaço é ao mesmo tempo diferenciar e organizar". Se o espaço foi durante muito tempo pensado – na Geografia, ou através dela – como localização dos fenômenos, palco onde se desenrolava a vida humana, é possível pensar uma outra determinação que encerre em sua natureza um conteúdo social dado pelas relações sociais (práticas) que se realizam num espaço-tempo determinado, aquele da sua constante reprodução, ao longo da história. Essa perspectiva nos obriga a considerar o conteúdo da prática sócio-espacial em sua complexidade.

Na constituição do conhecimento geográfico, um movimento constante de superação e de busca de novos caminhos teórico-metodológicos pressupõe que a elaboração de noções e conceitos apareça articulada à prática social enquanto totalidade que se define dinamicamente, e nos permita pensar a dimensão do homem em seu processo de humanização. Nessa orientação, a produção social do espaço permite desvendar o sentido do termo apropriação a partir do habitar como prática sócio-espacial que ganha objetividade no lugar, nos atos e ações da vida cotidiana, como local onde se estabelece o vínculo com o outro. Nesse sentido, a produção do espaço da vida humana comportaria um movimento incessante proveniente do ato/ação continuados da reprodução social. Com isso, revela-se o movimento e a direção da vida como presente vivido concretamente na trama objetiva das relações, numa prática espacial em que se revelam os dramas e as cisões que sustentam essa prática, colocando a categoria de reprodução como central na construção da problemática espacial como condição da realização da vida, além de apontar sua natureza histórica.

Dessa feita, a análise do espaço passa a ter uma dupla determinação, porque é localização das atividades, lócus de produção, mas é, também, expressão, conteúdo das relações sociais e produto social – com seus conteúdos civilizatórios – de modo que nem o indivíduo, e nem o grupo, viveria sem um espaço apropriado. Nessa condição, o espaço é produto social e histórico e, ao mesmo tempo, realidade imediata, passado e presente imbricados, tudo isso sem deixar de conter o futuro que emerge como condição de vivência dos conflitos. O pensamento, portanto, não concebe apenas a produção material – a morfologia espacial –, mas, necessariamente, o conjunto dos processos e relações sociais que dão conteúdo e sentido à práxis. O processo é, assim, objetivo e caminha para a objetivação enquanto realização do homem em sociedade. A natureza do espaço é, portanto, social em seu fundamento. Esse horizonte de análise, a partir do espaço banal, do real, é o ponto de partida para a construção do entendimento do processo de reprodução da sociedade em todos os seus níveis, apontando a perspectiva espacial como elemento analisador da realidade. O desvendamento do conteúdo do mundo moderno passaria pela discussão sobre a reprodução continuada do planeta, na sua condição de inacabamento, situando-se no tempo presente sem deixar de indagar-se sobre o passado, pois "ter sido é uma condição para ser", como escreve Braudel.[4]

Dessa maneira, a Geografia descobre o conteúdo social do espaço, distante de toda naturalidade. Daqui vamos depreendendo as ações e seus sentidos no processo de produção do espaço. Como ponto de partida, teríamos como exigência a compreensão do ato de produção no entendimento da dialética espaço-sociedade, não como dois termos separados que "entram em relação", mas como um termo se realizando no outro e através do outro, e como esfera onde a prática sócio-espacial como base e sustentação da vida se superaria no ato de sua produção.

Sobre a práxis

O homem, primeiro reunido em grupo e depois organizado em sociedade, transforma a natureza numa segunda natureza por meio da atividade do trabalho. O momento requer a passagem, na história, do nomadismo à sedentarização, que foi capaz de transformar a natureza objetivando a sobrevivência do grupo humano. A sedentarização do homem abarca a localização e tem como pressuposto a relação entre homens de um grupo, ou tribo, entre si e com os outros. O processo de humanização reporta-se ao processo de dominação e apropriação da natureza, tanto a física quanto a do próprio homem, na medida em que converte os instintos animais em sentidos humanos (cultivados pela vida e pela prática social), o que torna as necessidades humanas mais complexas, mas que também não exclui uma maneira de satisfazê-las. Nesse transcurso, a natureza metamorfoseia-se num conjunto de objetos ricos de sentidos, ao mesmo tempo que vai se tornando mundo, como obra e como manifestação da potência do ser. Essa argumentação nega a preexistência de um mundo em relação ao humano, evidenciando a atividade que produz continuamente a vida humana no planeta – o indivíduo se realizando em sua obra – como conteúdo da vida e da atividade social de uma época. "Na origem, as condições da produção não podem ser produzidas nem ser o resultado da produção; no entanto, entre essas condições nós encontramos a reprodução dos humanos cujo número aumenta pelo processo natural entre os sexos".[5] Assim, é possível delimitar na história a condição de início dessa produção com suas determinações: fixação no solo, descoberta de instrumentos de produção tais como o arado, a irrigação, a divisão do trabalho, a organização social, compondo um momento de uma revolução técnico-cultural[6] etc. Dessa forma, ao longo da história a sociedade reproduz a natureza como natureza social, tendo, portanto, uma dimensão natural, mas superando a natureza ao apropriar-se dela para e como realização humana. No processo, o homem se realiza como produto de relações sociais através de um conjunto de relações que organiza a vida em comunidade – a partir da divisão do trabalho, da propriedade etc. Desse modo, a relação inicial do homem com a natureza se encontra mediada pelo trabalho, e através dessa mediação supera os termos da relação e nos coloca diante de um espaço produzido pela sociedade como ato e ação de produção da própria existência. Nesse longo movimento, o homem cria-se através de um conjunto de produções, dentre as quais se situa a produção do espaço.

É nessa condição que nos deparamos com a noção de produção. Como escrevem Marx e Engels,[7] a primeira condição da história é manter os homens vivos, a segunda é assegurar sua reprodução. Podemos dizer que esse processo acontece numa relação dialética sociedade-natureza, em que cada elemento da relação se transforma no outro e pelo outro, produzindo a vida e o espaço, ambos como criação real. Assim, o ato de produção da vida é, consequentemente, um ato de produção do espaço, além de um modo de apropriação. O espaço surge como produto saído da história da humanidade, reproduzindo-se ao longo do tempo histórico, e, em cada momento da história, em função das estratégias e virtualidades contidas em cada sociedade.

Podemos pressupor que a espacialidade das relações sociais pode efetivamente ser compreendida no plano da vida cotidiana, e, a partir dela, articulada e redefinida como plano da reprodução das relações sociais, compreendida na multiplicidade dos processos que envolvem a reprodução do espaço em seus mais variados aspectos e sentidos, como prática sócio-espacial. Isso ocorre porque as relações sociais têm concretude no espaço, nos lugares onde se realiza a vida humana, envolvendo um determinado dispêndio de tempo que ressalta um modo de uso do espaço envolvendo dois planos: o individual (que se manifesta em sua plenitude no ato de habitar) e o coletivo (plano da realização da sociedade), portanto, na dialética entre o público e o privado. A noção de produção, nessa perspectiva, se abre para a noção de apropriação, que se revela em atos e situações. O uso se realiza através do corpo (que é extensão do espaço) e de todos os sentidos humanos, e a ação humana se realiza produzindo um mundo real e concreto que delimita e imprime os "rastros" da civilização.

Nessa condição, espaço e tempo aparecem em sua indissociabilidade por meio da ação humana, que se realiza enquanto modo de apropriação. Assim, a ação que se volta para o fim de concretizar a existência humana realizar-se-ia enquanto processo de reprodução da vida, pela mediação do processo de apropriação do mundo. A relação espaço-tempo se explicita, portanto, como prática sócio-espacial, no plano da vida cotidiana, realizando-se enquanto modos de apropriação (o que envolve espaço e tempo determinados), bem como a construção de uma história individual como história coletiva.

A potência dessa noção, em detrimento da de acumulação, revela os níveis mais complexos em que esse processo se realiza, pois, como processo constitutivo da sociedade, trata-se da reprodução de relações sociais no sentido mais amplo do termo na totalidade dessa reprodução. Os termos da reprodução, no momento atual, se elucidam na produção de um espaço mundializado como realização do capitalismo, posto que seu sentido é superar os momentos de crise da acumulação. A reprodução em seus conteúdos mais profundos revela a relação entre o que se conserva/mantém do processo histórico – as relações de propriedade, de classe e de dominação.

Marx revela que o sentido da produção ultrapassa a mera produção de objetos e coisas materiais para referir-se à produção do homem. Em ambos os casos aparecem como produção de uma história civilizatória. Portanto, o ponto de partida é a natureza, que no processo histórico se transforma pela atividade humana sem jamais ser suprimida. As relações homem-natureza são de trabalho, e se estabelecem e se revelam enquanto práticas espaço-temporais a partir de condições objetivas "nas quais ação e pensamento devem realizar-se".[8] Estas trazem como exigência a vontade e a disposição, bem como o conhecimento sobre a natureza, os instrumentos do trabalho e a técnica, mas também decisões e acasos que fazem parte do processo de transformação da natureza em realidade humana. Destarte, o sujeito age modificando a natureza a partir de uma orientação, e nesse processo também produz uma consciência. Desse modo, a noção de produção não manifesta apenas o trabalho e suas condições, mas

> aparece, de um lado, como apropriação de objetos entre os sujeitos, de outro lado como impressão de formas e submissão dos objetos a uma finalidade subjetiva, quer dizer transformação destes objetos em resultado e em reservatório da atividade subjetiva.[9]

O processo de produção distingue, ainda, o movimento de apropriação e de dominação como ato coletivo e socializado.

> A ação dos grupos humanos tem sobre o meio material duas modalidades, dois atributos: a dominação e a apropriação. A dominação sobre a natureza material, resultado de operações técnicas, arrasa-a permitindo às sociedades substituí-las por seus produtos. A apropriação não arrasa, mas transforma a natureza - o corpo e a vida biológica, o tempo e o espaço dados - em bens humanos. A apropriação é a meta, o sentido e finalidade da vida social.[10]

A apropriação enquanto atividade essencialmente humana, realizada em torno do ser humano, e nele engloba o corpo, seus sentidos, sensibilidade, necessidades, sonhos. Tal fato ocorre porque o homem apropria-se das condições exteriores, transformando-as em um objeto que lhe é próprio e, nessa condição, o distingue consubstanciando-se a partir de estratégias que escapam à equivalência (imposta pela troca) e ao homogêneo (imposto pela norma). Essa noção faz aflorar o diferente na medida em que acentua o uso do espaço como momento de reprodução da vida em seu caráter criativo (enquanto obra), portando acentuando uma qualidade. Nessa perspectiva, os atos dos habitantes nascem ao mesmo tempo que se distanciam dos estreitos limites dos gestos repetitivos, do comportamento normatizado que se depreende das formas, marcando singularidades e diferenças. Portanto, o processo de produção do espaço aponta o sentido da história, a sociedade considerada como sujeito da produção. Porém, uma diferenciação faz-se importante: enquanto o *sujeito* age e cria um mundo cheio de significados, o *ator* atua e é dirigido por outro, de forma que a produção do espaço é realizada por sujeitos sociais historicamente definidos. A orientação de sua ação vem de um projeto que se situa no conjunto da sociedade em seu processo constitutivo, compreendido no seio das relações sociais pela dialética de sua reprodução e transformação.

A "capacidade criadora do ser humano não emana do absoluto – substância ou ideia – mas de sua própria atividade prática e inicialmente do trabalho".[11] As condições históricas determinadas que estão na base da civilização envolvem as condições necessárias à manutenção da vida real através da satisfação das necessidades que mantêm os homens vivos, bem como sua procriação, como momentos da reprodução da espécie. Tal processo aponta e situa o trabalho como mediação necessária entre o homem e a natureza, no sentido de tirar desta as condições necessárias à realização da vida, "numa unidade natural do trabalho com as condições materiais".[12] Pelo trabalho, a relação da sociedade com o mundo é objetivação real. Trata-se da objetividade[13] do processo de constituição do humano por ele mesmo como autocriação e como sentido apontado pelo materialismo histórico. O conteúdo da objetividade em Marx é a natureza transformando-se em mundo histórico, portanto, como prática que pode ser traduzida na prática sócio-espacial em seu sentido conflituoso, que revela contradições que se superam e desdobram ao longo do processo, abarcando, também, a produção do objeto. Desse modo, a forma de apropriação da natureza tem como condição a existência do grupo diretamente saído da natureza, com a utilização coletiva da terra. Como aventa Marx, esse processo aponta a indissociabilidade entre homem e natureza, primeiro como "laboratório natural" e na sequência como natureza produzida. Significativa no processo é a necessidade de uma localização de um espaço a partir do qual o homem, pela mediação do trabalho, se mantém vivo, reproduzindo a espécie e construindo uma história. Assim o "ato universal" se revela na "produção do homem e na transformação da natureza em humanidade".[14] A produção do homem, por ele mesmo, projeta-se na possibilidade de construção de uma *história total*, apontando o processo de constituição do homem genérico.

A formulação de Marx sobre a autoprodução do humano (que tem como ponto de partida a obra de Hegel) permite pensar que "há historicidade fundamental no ser humano, ele cria, se forma, se produz pelo próprio trabalho e sua atividade é criadora de obras. Produzindo objetos, bens, coisas, ele constitui seu mundo humano".[15] Desse modo, a formulação sobre a possibilidade do homem se autocriar no processo histórico, produzindo seu mundo com determinações próprias de cada época, abre a possibilidade de compreensão da produção do espaço como produto histórico, condição necessária da realização da vida material, como conteúdo da práxis. O sujeito se realiza produzindo-se praticamente, numa luta frequente contra a natureza e entre as forças políticas e sociais. Desse modo, a natureza produz o homem no homem, pelo trabalho. A produção continuaria, assim, o processo da natureza – processo no qual o humano produz-se a si mesmo.[16] A relação homem-natureza em Marx reúne, portanto, naturalidade e historicidade, historicização da sociedade e natura-lização do homem. Uma natureza que só se transforma em mundo histórico quando sua negatividade se realiza pelo trabalho e pela guerra, pelo trabalhador que muda a natureza. "O homem nasce no mundo como interação do vácuo que abole o ser inicial (natural) no e pelo tempo histórico [...] deste modo a produção envolve a criação e caracteriza o ser humano que se produz e se reproduz". Uma produção, portanto, que não é apenas de objetos, mas de um espaço e de um tempo, bem como produção de relações – o tempo elaborado pela prática social. Há reprodução do eu (da consciência) e do mundo (o outro). "No homem, pelo trabalho e luta a produção é a história no curso da qual o ser humano se produz a si próprio",[17] o que implica a indissociabilidade homem/natureza. A produção, entendida em seu sentido amplo e produto não reduzido a uma coisa, ilumina sua realização como relação histórica e social. A noção de produção revela, portanto, a reprodução como consequência e essência do processo histórico – criação e recriação tanto individual quanto da sociedade.

Nessa perspectiva, o processo de produção do espaço tem como pressuposto a natureza, envolve um conjunto de elementos fundados na atividade humana produtora, transformadora, bem como na vontade e disposição, acasos e deter-minações, conhecimentos todos estes voltados à reprodução da sociedade. Nesse processo, transforma-se a natureza em mundo, uma realidade, essencialmente, social. Essa luta de morte na construção do mundo é a condição constitutiva do espaço – uma objetividade que pode ser traduzida na prática sócio-espacial em seu processo conflituoso. O mundo aparece hoje como produção em movimento de relações sociais de poder delimitação e superação de fronteiras, e cada vez mais distante de uma natureza primeira. Num processo conflituoso, o homem se depara com as forças naturais, e luta contra ela no sentido de superá-la.

Assim se de um lado o homem produz, em vários momentos históricos, as condições necessárias à produção/reprodução da vida, ele o faz produzindo a si mesmo como sujeito ativo. Por sua vez essa atividade produz um mundo e um conhecimento sobre esse mundo. Permite-se, assim, deslocar (sem, todavia, ignorar) o sentido da produção para além de sua dimensão econômica e da produção de mercadorias e produtos *stricto sensu*. Nesse sentido, o espaço como produção é expressão prática daquilo que a civilização, ao longo do processo histórico, foi capaz de criar. Portanto, a natureza é hoje social, a crise ecológica com a qual nos confrontamos, entre outras crises reveladoras do mundo moderno, é um processo social por excelência.

A vida e as condições da vida se realizam enquanto objetivação prática, revelando um espaço-tempo da ação e desvelando o uso como forma de apropriação. A apropriação traz consigo a dimensão do corpo, isto é, do espaço-tempo apropriado pelo corpo, pelos gestos e pela linguagem que envolve a ação. Por sua vez, a ação traz em si a ideia de espaço público da vida coletiva, as formas de comunicação pública, em síntese, os usos dos espaços como mediação necessária ao encontro, à troca, à sociabilidade que supera a ideia de solidariedade para construir a de cidadania. De fato, a cidadania é erigida na participação (debate e diálogo), no exercício da criatividade da construção do laço afetivo que une e embasa a própria cidadania (valores, tensões, conflitos e alianças) e que permeou a construção da pólis grega, lugar da vida social, lugar de formação da civilização, da arte, da filosofia. Assim se revelam o sujeito e os conteúdos da ação humana em sua totalidade.

Os sentidos constituem-se como modo de apropriação do ser humano visando à produção da sua vida (e tudo que isto implica), e reproduzindo-se enquanto referência e, nesse sentido, enquanto lugar de constituição da identidade e da memória. Nessa dimensão, revelariam a condição do homem enquanto construção e obra, que é o sentido poético, fundamento de um desejo. Esse processo ocorre em lugares determinados do espaço, mas manifesta-se, concretamente, no plano da vida cotidiana. Mas essa materialidade que atravessa todos os momentos da metamorfose é insuficiente para a compreensão dos conteúdos da produção do espaço e da forma espacial que a Geografia constitui como seu campo de análise. Há, ainda, dialeticamente, uma dimensão subjetiva, cuja consideração permite pensar não só na atividade humana como potência transformadora da natureza e produtora do mundo, mas, também, como capacidade de questionamento sobre o mundo produzido, como forma de consciência. O processo envolve momentos de apropriação e de uso do espaço real como forma de percepção e como representação.

Outra derivação que se pode visualizar da ideia do trabalho enquanto atividade é a de sua inserção num processo mais amplo no qual se supera o nível da atividade instintiva rumo a um agir essencialmente humano, que transforma aquilo que é dado natural inumano ao adaptá-lo às suas exigências humanas no seio da práxis e em sua possibilidade criativa. Portanto trata-se de uma ação em que se constitui a unidade do homem e da natureza na base de sua recíproca transformação, quando o homem se objetiva no trabalho e o objeto arrancado do contexto natural e original (modificado e elaborado pelo homem no trabalho) alcança a objetivação – o que significa dizer que o objeto é humanizado. Na humanização da natureza e na objetivação (realização) dos significados, o homem constitui o mundo humano. Desse modo, o elemento constitutivo do trabalho é a objetividade, passando da forma do movimento à forma de objetividade.[18] Inicialmente, ele se desdobra através dos atos de troca realizados no interior do processo de trabalho e a partir dele. A troca como ato elementar da vida social fundamenta a sociedade, pois marca a relação entre indivíduos e grupos, no seio da divisão do trabalho social, em suas exigências pelo encontro, e por intermédio da linguagem, uma vez que a troca reúne, e por isso mesmo comunica, criando laços na imediaticidade. Como a troca exige lugares específicos, ela traz o corpo como realidade, articulando um ato material e um mental.[19]

> Não é apenas para comprar e vender que se vem a Eufêmia, mas também porque à noite, ao redor das fogueiras, em torno do mercado, sentados em sacos ou barris ou deitados em montes de tapetes para cada palavra que se diz – como lobo, irmã, tesouro escondido, batalha, sarna, amantes – os outros contam uma história de lobo, irmã, tesouro escondido, batalha, sarna, amantes e sabem que, na longa viagem de retorno, quando para permanecerem acordados, bamboleando no camelo ou no junco, puserem-se a pensar nas próprias recordações o lobo terá se transformado em outro lobo.[20]

Todavia, a troca desdobra-se num outro sentido ao longo da história, desenvolvendo-se por um conjunto de mediações, normas e leis, num contrato que fixa as condições no mercado como realização da forma abstrata. Nesse contexto, o laço social não se re-define pela abstração, pois o mundo da troca desenvolve-se pelo mercado, ligando-se à reprodução social.

Nessa perspectiva, o processo de trabalho envolve um movimento cada vez mais complexo, estabelecendo-se no seio de uma sociedade que se diversifica e, com ela, o trabalho pela mediação da técnica. Esse desdobramento envolve a complexificação do processo de trabalho em si pelo desenvolvimento da divisão do trabalho, do consumo e das trocas. Liga os homens a um conjunto mais amplo de relações que determina o modo como se consumirá os produtos e, a partir daí, o modo como o indivíduo se relaciona com o grupo, com as suas atividades e como participa das decisões. O mundo do trabalho envolve e supera, portanto, as atividades de transformação, ao ser superado como atividade pelos outros níveis de realização da vida. Assim, ele se desdobra, superando suas esferas para reunir-se numa totalidade de momentos que compõem e sustentam a vida humana, trazendo exigências que transcendem o trabalho e o mundo do trabalho, embora seja determinado por ele. Do mesmo modo a atividade de trabalho supera os momentos de produção (das atividades que o definem, que lhe dão sentido e orientam suas estratégias).

O movimento em direção a essa construção re-coloca a reprodução continuada do espaço. Espaço este que a cada momento do processo histórico apresenta-se como seu produto e condição para a instauração de um novo processo, abrindo-se, inexoravelmente, em direção à sua reprodução. Assim, há produção, portanto, produtos e obras como resultado dessa atividade que revelam o sentido e conteúdo da mesma atividade, à qual correspondem ideias, representações e uma linguagem – intimamente ligada à atividade material –, e que envolve a propriedade como condição e produto, meio que define as relações dentro e fora do mundo do trabalho, posto que determinado por ele. A cada nível da produção/reprodução social corresponde um espaço-tempo.

A produção do espaço pressupõe também a existência da propriedade, que orienta e define o modo como as relações de trabalho vão se efetuar e como será administrado e dividido o produto produzido, como será consumido e por quem, bem como a distribuição dos produtos do trabalho. A propriedade como fundamento revela em sua origem uma desigualdade que se realiza enquanto relação de poder, isto é, pela separação e diferenciação dos grupos e classes, baseadas no lugar que estes ocupam no processo de produção da riqueza social. Da mesma forma, ela delimita o lugar destes na distribuição da própria riqueza, iluminando as condições de propriedade que sustentam as relações de dominação e de apropriação do mundo humano. Em sua forma abstrata, a propriedade privada aponta a alienação na prática, permeada e sustentada por cisões profundas. Daí a afirmação de que a "objetivação é no fundo mimética",[21] ao se constatar que os homens reais agem em um mundo onde as cisões se reproduzem e apontam as crises, pois a prática espacial revela o caos decorrente da lógica que orienta o processo em direção à reprodução capitalista. A existência da propriedade propõe a separação entre sujeito (que produz e transforma) e objeto (produto da ação), assim como as relações constitutivas dessa separação que se defrontam com a racionalidade capitalista segundo a qual a valorização orienta a finalidade da produção do espaço.

Desse modo, a historicidade produz a reprodução do capital como alienação, e produz também o seu outro, isto é, as lutas de classe, que se desdobram e se ampliam (não sem imensas dificuldades), ultrapassando os limites do mundo do trabalho e da fábrica e redundando em lutas pelo e no espaço. Assim, se o desenvolvimento do homem genérico reside no pleno desenvolvimento de suas capacidades criadoras como realização de virtualidades, a história mostra aquilo que freia esse processo: a produção desigual numa sociedade de classes fundada na concentração da propriedade e da riqueza, que torna a produção do espaço uma exterioridade em relação ao ser social. Trata-se de um processo conflituoso, no qual o homem se depara com as forças naturais e luta contra elas no sentido de superá-las. A luta contra a natureza – luta de morte – na construção do mundo é, portanto, condição constitutiva da compreensão do *espaço na Geografia*. O enfoque da análise geográfica permite, nessa perspectiva, estabelecer alguns elementos para a compreensão da práxis entendida como produção real e concreta do espaço, que ilumina a atividade do sujeito da ação e da consciência que orienta essa ação. Permite, com isso, pensar a sociedade em torno da realização da vida para além de sua localização no espaço. De fato, do ponto de vista da realização das relações sociais que sustentam e dão conteúdo à vida, o espaço é localização – é um ponto assinalado no mapa – enquanto o tempo aparece como duração. Mas as relações sociais realizam-se pela troca como contato, como subjetivação, através e pela mediação do outro, de modo que o espaço-tempo dessas relações supera um momento especificamente concreto e envolve a construção de identidades, de referências que dão sentido à vida.

Não existe práxis sem uma realidade objetiva sobre a qual ela age e da qual extrai um produto. Desde a origem da sociedade, esta se afirma com os conteúdos mais diversos, em formas diferenciadas, posto que a forma geral recebe os conteúdos do contexto histórico específico. Portanto, é possível traçar o caminho do desvendamento dos momentos (formação) da produção do espaço, a partir da relação homem/natureza, como fundamento do processo constitutivo do mesmo, como possibilidade reveladora dos conteúdos explicativos do mundo moderno, que tem como pressuposto a natureza e a atividade humana produtiva transformadora do mundo. Tal atividade envolve inicialmente a necessidade de manutenção da vida, portanto, vontade, desejo, fundado no conhecimento, na divisão do trabalho, na técnica, e nas relações entre os membros do grupo, e, nesse sentido, supera a materialidade do processo. Assim, a luta contra a natureza é a condição constitutiva da história do espaço como produto de um processo ativo a partir da modificação dela e é nesse contexto que se situa a produção do espaço como condição da reprodução da vida social.

Sobre a produção

Em vários momentos de sua longa obra, Lefebvre insiste sobre a dupla determinação da noção de produção a partir da observação de que ela tem um duplo caráter. O primeiro deles é o caráter da produção *lato sensu*, que diz respeito ao processo de produção do humano. Baseado na tradição hegeliana, Lefebvre aponta a produção do ser enquanto ser genérico. O segundo é o da produção *stricto sensu*, que diz respeito, exclusivamente, ao processo de produção de objetos. Mas o processo de produção de mercadorias se realiza produzindo não só a divisão técnica do trabalho dentro da empresa, a divisão entre processo de produção e processo de circulação, mas, também, produzindo relações sociais mais amplas e complexas que extrapolam as esferas da empresa e tomam a sociedade como um todo. Dessa forma, ambos os modos estão interconectados.

Poderíamos afirmar que, em seu sentido mais profundo, a produção engloba relações mais abrangentes. No plano espacial, trata-se do que se passa fora da esfera específica da produção de mercadorias e do mundo do trabalho (sem, todavia, deixar de incorporá-lo) para estender-se ao plano do habitar, ao lazer, à vida privada, isto é, potencializando sua exploração pela incorporação de espaços cada vez mais amplos da vida. Do ponto de vista espacial, produção é condição da realização do processo produtivo, unindo os atos de distribuição, troca e consumo de mercadorias (quando o espaço se produz como materialidade, na forma de infraestrutura viária, por exemplo), mas também rede de água, luz, esgoto etc. Todavia, ao expandir-se diz respeito à constituição de lugares mais amplos de produção de relações sociais, de uma cultura, de uma ideologia, de um conhecimento. A prática sócio-espacial em sua totalidade aponta uma objetividade, mas, por outro lado, a noção de produção contempla também o processo de subjetivação, ou seja, a produção do mundo da mercadoria com sua linguagem e representação.

Nesse processo, as necessidades se ampliam, tornam-se mais complexas englobando o *mundo da mercadoria*, que, ao extrapolar o processo produtivo como necessidade de sua própria reprodução, invade e redefine a vida, assim como o lugar que o indivíduo ocupa na sociedade. A imediaticidade também se desdobra em múltiplas mediações que se generalizam como momento e possibilidade real de realização da produção em seu movimento necessário de acumulação. A produção se desdobra numa dialética com a reprodução, que permite vislumbrar a superação dos termos da produção e seu ambiente para se expandir para outros espaços-tempos, sob a orientação fundamental do processo de valorização efetivada através da produção continuada do valor de troca. Este, para se reproduzir, estendeu-se a partir da esfera da produção na fábrica para tomar toda a sociedade (em suas relações mais simples), num movimento interno e necessário da realização do lucro confrontada com a extensão da propriedade privada, definidora das estratégias que comandam a produção. Em conflito, a reprodução da vida depara-se com as necessidades da reprodução do capital. Portanto, da esfera do processo de trabalho – que muda de sentido quando passa a ter a produção do valor como finalidade última[22] – o capital invade toda a vida, subjugando-a. As separações – entre os planos da realidade – atingem novos campos constitutivos da vida social. O raciocínio vai em direção à noção de vida cotidiana, que permite vislumbrar a superação dos limites da esfera da atividade do processo de trabalho para englobar outros níveis da práxis. Nesse raciocínio, situa-se o horizonte da reprodução social e, no seio desse processo, se situa a análise da produção do espaço como condição, meio e produto da reprodução social.

Nesse nível, a produção do espaço se realiza como alienação, uma vez que a produção do mundo como obra humana representa a unidade sujeito/objeto que se realiza na separação uso-troca. A relação uso-troca substitui a capacidade criadora por uma representação, que é real e que tem no cotidiano seu lugar de efetivação. Desse modo, a criação da consciência no plano da práxis apoia-se na determinação dos valores de uso que sofrem a mediação da mercadoria e suas representações. Isto é, o processo envolve momentos de apropriação e de uso do espaço real como forma de percepção e como representação.

Como consequência, a produção do espaço, fundada (sob o capitalismo) na contradição valor de uso/valor de troca, que domina e assegura o processo de acumulação no espaço por meio de sua reprodução. Como valor de troca, o espaço é a expressão mais contundente da desigualdade que se desdobra na contradição característica da reprodução do espaço capitalista – produção social/apropriação privada – que se manifesta no plano da forma espacial da segregação como evidência da justaposição entre a morfologia social e a morfologia espacial. No espaço também se localizam os resíduos capazes de apontar as virtualidades abertas pela prática espacial, que caminham em direção contrária, posto que as lutas que surgem da produção da consciência apontam as coações e as cisões criadas no processo como seu produto. No plano da prática, essa necessidade domina as condições da reprodução espacial em suas cisões e separações, pois a existência da sociedade de classes, apoiada na concentração da riqueza, determina acessos e modos de uso aos espaços-tempos da realização da vida diferenciados. Com isso, estabelece direitos desiguais, sob o manto da equivalência. Estabelece-se separando atividades em espaços-tempos bem delimitados, bem como os redefinindo em função da necessidade ampliada da produção/realização do lucro como forma de ser dessa sociedade. Por sua vez, o desenvolvimento histórico da propriedade no seio do processo de reprodução aponta a reprodução do valor de troca – e o que dela se diferencia, o que está subordinado a ela e como orienta o uso como possibilidade de apropriação realizando-se como diferença.

Hoje, sob o capitalismo, o processo acima esboçado se amplia encerrando outras condições e estratégias, desenvolvendo e desdobrando suas contradições. O capitalismo levou ao extremo suas cisões, ultrapassando sua condição inicial.

> Não é a unidade dos homens vivos e ativos com as condições naturais e inorgânicas de seu metabolismo com a natureza que necessitaria de explicação, como resultado de um processo histórico; é ao contrário, a separação entre estas condições inorgânicas de existência humana e de sua atividade, separação que só é total na relação entre o trabalho assalariado e o capital.[23]

Todavia, convém ainda considerar que ao mesmo tempo que o homem produz o mundo objetivo (real e concreto) ele produz também uma consciência sobre ele, de forma que o homem se produz no processo, enquanto humano, consciência, desejos. Trata-se de um mundo de determinações e possibilidades, capaz de metamorfosear a realidade, ao se apresentar como possibilidade de realização do negativo. Assim, as lutas de classe, que se realizam em torno da distribuição da riqueza social gerada pelo produto social do trabalho, desdobram-se em lutas pelo espaço. Há, portanto, um deslocamento e uma mudança no sentido da luta, que revela o novo movimento do mundo no qual o processo de reprodução social se realiza no espaço e através da reprodução deste, em torno das apropriações necessárias à reprodução da vida além dos estritos limites da sobrevivência.

Dessa forma, a produção do espaço tem por conteúdo relações sociais, mas também se cumpre numa materialidade como suporte das mesmas enquanto conjunto das relações cotidianas reais. Aqui, a análise abarca o plano do lugar como recorte do próximo, guarda uma dimensão prático-sensível, real e concreta que a análise pode, aos poucos, revelar como modos de uso, ponto de realizações de troca, lugar concreto da reunião, centros de comunicação, centralidades de poder político etc. A constituição do lugar de relações da vida requer a união, a reunião, ou seja, requer o lugar como possibilidade do encontro e da reunião visando o estabelecimento das metas e estratégias que permitem a criação constante da vida humana. Para que haja a reunião, que permite impor uma divisão de tarefas, num lugar determinado, a simultaneidade das ações se impõe como necessária. A análise da prática sócio-espacial sinaliza, assim, que as relações sociais se materializam enquanto relações espaciais, cuja amplitude depende do desenvolvimento das forças produtivas num movimento comandado pelo desenvolvimento da troca e dos meios de comunicação e transporte, além dos laços culturais que conspiram para a troca. Nessa direção, a atividade se desdobra indicando concretamente um espaço e um tempo que marcam e delimitam a realização da vida, revelando o cotidiano.

A vida como prática sócio-espacial revela a constituição dos laços sociais, que se compõem através da troca como troca social no plano da vida cotidiana, ou seja, o plano do vivido nas implicações de lugares com seus conteúdos sociais específicos, em suas representações (símbolos, signos, referencias), em sua subjetividade. Isto é, o ato que produz uma coisa supera o momento específico da transformação da matéria-prima em produto, definindo-o nos horizontes das relações sociais. É através destas que o homem entra em contato com o mundo produzido onde se constitui uma consciência e uma identidade, bem como um modo de pensar e de construir um conhecimento necessário à sua transformação.

A análise da produção do espaço constitui, assim, um universo imbricado de situações que não pode deixar de contemplar a dialética entre necessidades/aspirações/desejos que se encontram latentes na vida humana, o que o situa no conjunto da reprodução social em sua totalidade. O primeiro passo, portanto, é encontrar os fundamentos que explicitam a afirmação segundo a qual a produção do espaço é imanente à produção da vida humana. Assim, a produção das condições materiais, como base da história, revela o ato de produzir como ato de produção do espaço.

Do meio à prática sócio-espacial

Nos primórdios da disciplina geográfica deparamo-nos com o termo *ecúmeno* designando a parte da terra ocupada pelo homem (ou, se quisermos, o espaço habitável). Tratava-se, fundamentalmente, de constatar a ação do homem sobre a terra em suas diferenciações. Surgiram daí algumas categorias de análise que compõem o arsenal analítico dos geógrafos, associando a Geografia à categoria de localização. Vidal de La Blache,[24] por exemplo, associava o termo "o geográfico" àquele da localização, pois, segundo sua concepção, "a história de um povo é inseparável da região que ele habita" e "o homem foi, ao longo do tempo, o discípulo fiel do solo. O estudo deste solo contribuirá a esclarecer o caráter, os modos, e as tendências dos habitantes".[25] Assim, do contato com a natureza depreende-se o conceito de *meio*.

Por sua vez, para Deneux,[26] o pensamento geográfico caracteriza-se por uma abordagem científica do meio natural, muito mais próximo de uma ciência natural, apontando a relação entre os grupos humanos e o ambiente. Esse raciocínio está implicitamente presente nas reflexões fundadoras da Geografia científica. Por outro lado, o estudo dos grupos humanos através de seu habitat e de suas condições de circulação e de comunicação leva a Geografia a se interrogar sobre as relações entre os grupos, o que desembocou nas relações entre os lugares. Para Dollfus, o termo revela na construção do pensamento geográfico "as relações entre o homem e o meio físico que o cercam constituindo um dos problemas suscitados pela análise do espaço geográfico",[27] além disso, "um mesmo meio pode dar origem a várias paisagens humanizadas".[28] Isso porque, como demonstrou, a Geografia precisou buscar as relações de causalidade entre o homem e a natureza. Feito esse trajeto, conclui-se que a noção de meio, tal como desenvolvida no pensamento geográfico, localiza a atividade, reúne os homens criadores de paisagens diferenciadas.

Partindo da análise do meio, a Geografia descobre como campo privilegiado de pesquisa o que convencionou chamar de *espaço geográfico*. O conceito ganha a dimensão de materialidade, reforçada pela ideia de localização, ao ser definido por Dollfus como

> um espaço percebido e sentido pelos homens em função tanto de seus sistemas de pensamento como de suas necessidades, simultaneamente organizado e dividido, obedecendo critérios funcionais, traduzidos nas paisagens.[29]

Assim, para o autor, cada um dos pontos das atividades dos homens, passíveis de ser localizados, revelam uma situação relativa a um conjunto no qual se inscreve. Tal como o espaço dos matemáticos ou como o dos economistas, o espaço geográfico evoluiria a partir de um conjunto de relações que se estabeleceriam no interior de um quadro concreto: o da superfície da terra. Ainda para o autor, "o espaço geográfico é um espaço mutável e diferenciado cuja aparência visível é a paisagem".[30] Tim Unwuin, todavia, não parece compartilhar da certeza de que existiria um espaço geográfico, pois, como escreve, nenhuma disciplina,

> pode reclamar o espaço como próprio, não só porque toda a existência humana se desenrola em um espaço, mas também porque esta experiência do espaço se produz através da experiência no tempo. O espaço por si só carece de significado. Pela mesma razão é difícil aceitar os argumentos que sugerem que a relação da Geografia física em relação às ciências da terra consiste em considerar os processos em seu funcionamento dentro do espaço. Todos os processos físicos têm um contexto social.[31]

Essa preocupação, entretanto, não é compartilhada por outros e, nesse sentido, podemos afirmar que, ao longo da constituição do pensamento geográfico, a noção de meio organizado pelo homem se transfigura na de espaço produzido pela sociedade. Uma primeira mudança aponta a passagem[32] do enfoque do homem para a da sociedade como sujeito que transforma a natureza. O salto qualitativo revela que, ao focar a sociedade como um todo, a Geografia se depara com a desigualdade que funda a sociedade. A segunda refere-se à passagem das análises centradas no *meio* para aquela que foca o *espaço*, sinalizando o papel ativo do homem diante da natureza, transformando-a em algo que é próprio do humano, enquanto construção da natureza humanizada. Com essa postura é possível escapar dos perigos da naturalização dos fenômenos que são, em essência, sociais.

Como já apontado, na situação primordial de condição da produção social deparamo-nos com a natureza como matéria brindada ao homem, matéria-prima sobre a qual recai o trabalho humano, isto é, a sociedade modifica a natureza através de uma atividade transformadora potente. Assim, as relações sociais que sustentam e produzem a vida se realizam localizadas numa determinada porção do planeta.

O modo como a vida se desenrola revela uma dimensão espacial, o que nos coloca a questão de como a realização da vida tem nessa condição o seu pressuposto. A existência humana se funda e se revela na práxis. Nossa corporeidade revela a espacialidade, pois o ser humano tem uma existência espacial cuja aproximação vem do corpo como mediação necessária por meio da qual ele se relaciona com o mundo. Podemos, também, estabelecer que todas as nossas relações ocorrem em lugares específicos no espaço. O corpo nos dá acesso ao mundo, o que para Perec é o nó vital, imediato, visto pela sociedade como fonte e suporte de toda a cultura. Ao mesmo tempo, o escritor afirma que "viver é passar de um espaço a outro, tentando ao máximo não colidir";[33] portanto, a vida humana consistiria em habitar espaços.

Cada ato e cada atividade prática, realizando-se enquanto momento constitutivo de construção da identidade do homem com o outro em espaços-tempos específicos, evidencia que a realização da vida é a produção prática do espaço, tanto como realidade quanto como possibilidade, constituindo uma identidade que sedimenta a memória. Nessa perspectiva, o espaço produz-se e reproduz-se como materialidade indissociável da realização da vida e, subjetivamente, como elemento constitutivo da identidade social. A vida cotidiana se realiza concretamente a partir de um conjunto de relações que contemplam ações, que, por sua vez, se desenrolam em espaços e tempos determinados e que encerram nossa vida, sem os quais ela não ocorreria. Em primeiro lugar, a casa como espaço da vida privada, umbigo do mundo para o homem, foco a partir de onde se localiza no universo e a partir de onde se tecem suas relações com os outros, isto é, o lugar da habitação que envolve a peça do apartamento ou da casa. Em seguida, a rua, momento em que o privado se abre para o público, para o outro, e para o estranho. A partir dela surge a praça do mercado, centro comercial ou cultural, os lugares sagrados ou simbólicos, os centros de serviços, áreas de lazer ou mesmo de trabalho e correspondem a usos nascidos de uma prática espacial, ligando lugares e pessoas num conjunto de relações que envolvem e permitem que a vida aconteça. As formas materiais arquitetônicas guardam, para o indivíduo, o sentido que é dado pelo conteúdo social que vai constituir-se como suporte da memória, tornando-a ato presente na articulação de espaço e tempo, pela mediação da experiência vivida num determinado lugar. Nesse sentido, a construção do lugar se revela, fundamentalmente, enquanto construção de uma identidade, logo, a memória liga o tempo da ação ao lugar da ação, ao uso e a um ritmo. Assim, espaço e tempo, uso e ritmo se revelam em sua indissociabilidade através da memória. E a história particular de cada um se realiza numa história coletiva, onde se insere, e em relação à qual ganha significado.

O *habitar* envolve a produção de formas espaciais, materiais, bem como de um modo de habitá-las e percebê-las. É um termo poético, pois abarca um tempo de criação nos modos de apropriação, que organiza e determina o uso. Produz limitações, ao mesmo tempo que abre possibilidades. Envolve um lugar determinado no espaço, portanto, uma localização e uma distância que se relaciona com outros lugares da cidade e que, por isso, ganha qualidades específicas. Nessa medida, o espaço do habitar tem o sentido dado pela reprodução da vida, tratando-se do espaço concreto dos gestos, do corpo, que constrói a memória, uma vez que cria identidades. Nessa perspectiva, o mundo humano é objetivo e povoado de objetos que ganham sentido à medida que a vida se desenvolve, de forma que a casa, a rua, a cidade, formam um conjunto múltiplo de significados. Essa ideia vai ao encontro do que escreve Lussault, para quem,

> nossa existência é do início ao fim espacial, ela se compõe de espaços que nós organizamos para chegar a um fim, ela impõe que agenciemos esses diferentes espaços de vida uns em relação aos outros, que nós ajustamos em nossas ações práticas, constituindo um ponto cego de nosso discurso e de nossos conhecimentos. Nós os analisamos muito pouco.[34]

Da mesma forma, as ciências humanas e sociais frequentemente reduziram o espaço a uma superfície de projeção dos fenômenos sociais.

O espaço do habitar é, portanto, real e concreto, é aquele dos gestos do corpo, que constrói a memória, porque cria identidades, reconhecimentos, pois a vida se realiza criando, delimitando e exibindo a dimensão do uso. Encerra também o corpo no sentido de que o usador tem uma presença real e concreta, a presença e o vivido.[35] Nesse espaço coabitam os objetos e o corpo. O sentido do termo *habitar* está na base da construção do sentido da vida, nos modos de apropriação dos lugares a partir da casa, no emaranhado dos lugares comuns, habitados, usados por sujeitos comuns, na vida cotidiana.

É assim que espaço e tempo aparecem através da ação humana em sua indissociabilidade, uma ação que se realiza enquanto modo de apropriação. Desse modo, o processo tem uma materialidade visível, e também é percebido com todos os sentidos humanos, nos lugares do *acontecer diário*, nas atividades mais banais que ligam os homens aos lugares e ao *outro da relação social*, marcado por um tempo determinado, em espaços circunscritos. Nessa situação, o homem se apropria do mundo, ao se apropriar do espaço, com todos os seus sentidos, revelando a importância do corpo e do uso. O uso dos lugares da realização da vida, através do corpo (o próprio corpo como extensão do espaço) e de todos os sentidos humanos, realiza a ação humana produzindo um mundo real e concreto, delimitando e imprimindo os "rastros" da civilização com seus conteúdos históricos. O uso sinaliza um lugar de realização da vida que, todavia, vai se constituindo enquanto referência e, nesse sentido, alicerce da identidade e da memória. Trata-se da condição humana, enquanto construção e obra, em seu sentido poético. O passado deixou impressos na morfologia traços, inscrições, escritura do tempo, que é o tempo da atividade humana. Mas esse espaço é sempre, tanto hoje quanto outrora, um espaço presente dado como um todo atual, com suas ligações e conexões em ato. Portanto, passado e futuro, memória e utopia estão contidos no presente da cidade; a primeira enquanto virtualidades realizadas, a segunda enquanto possibilidades que se vislumbram, compondo o presente e dando conteúdo ao futuro. Nesse sentido, a obra atravessa a produção e aparece também como memória, referências, tempo de uso. É nessa medida que a imposição do valor de troca sobre o valor de uso se relativiza. "Todos esses produtos estão a ponto de ser encaminhados ao mercado enquanto mercadorias, mas eles ainda vacilam no limiar",[36] é a percepção de Benjamin.

A relação entre o habitante e o mundo é atravessada por modos de apropriação e usos envolvendo uma multiplicidade de possibilidades. Ela abarca o que se passa no âmbito do processo de trabalho e fora dele, o que requer o reconhecimento da esfera da vida cotidiana. Desse modo, a reprodução do espaço articulado e determinado pelo processo de reprodução das relações sociais – que se apresenta de modo mais amplo do que as relações de produção *stricto sensu*, que visam apenas à produção de mercadorias, pois envolve momentos dependentes e articulados – define a vida cotidiana como uma totalidade.

Portanto se a Física torna possível afirmar que todo corpo – entendido em sua forma genérica, como matéria – ocupa um lugar no espaço, através da perspectiva aberta pela Geografia poderíamos afirmar que as relações sociais só podem se realizar num espaço e tempo apropriados para cada ato de manifestação da vida.

> Produzido no decurso da constituição do processo civilizatório – como produto do processo de constituição da humanidade do homem – a produção do espaço contempla um mundo objetivo que só tem existência e sentido a partir e pelo sujeito. O menor objeto é, nesse sentido, suporte de sugestões e relações, ele remete a toda sorte de atividade que não são apresentadas diretamente nele. Tem sentido objetivo e social para as pessoas, como tradições, qualidades mais complexas, conferindo um valor simbólico. Quando o conjunto de objetos é tomado como um todo, os produtos tomam uma significação superior. A atividade examinada na escala da práxis toma conteúdo e forma superiores. A consciência humana aparece em relação com um conjunto de produtos.[37]

Assim, as relações sociais têm uma existência real na condição de uma existência espacial concreta, nela se inscrevendo e se realizando. Isto é, a análise da prática sócio-espacial sinaliza que as relações sociais se materializam enquanto relações espaciais, o que significa dizer que a vida cotidiana se realiza num espaço/tempo passível de ser apropriado, vivido, representado. Enquanto modo de uso, o espaço varia ao longo do tempo específico e, sendo determinado pela realização da vida social, num determinado território, o que revela, em suas transformações, modificações importantes na sociedade. Nesse processo, constrói o mundo em sua dimensão humana através da atividade de trabalho como ato transformador da natureza, situando-se num conjunto mais amplo de relações constitutivas do mundo humano. Ao produzir sua existência, a sociedade reproduz, continuamente, o espaço. Portanto, se de um lado, o espaço é um conceito abstrato, de outro, tem uma dimensão real e concreta enquanto lugar de realização da vida humana que ocorre diferencialmente no tempo e no lugar, e que ganha materialidade por meio do território como produção humana em ato.

Estes constituem o mundo da percepção sensível, carregado de significados afetivos ou representações que, por superarem o instante, são capazes de traduzir significados profundos sobre o modo como as relações sociais se construíram ao longo do tempo. Nesse processo, o uso dá significado e sentido à vida através da construção de referenciais, que, localizados, apontam a construção de uma identidade fundada numa língua, numa religião, numa cultura. Nesse contexto, a relação com o mundo é construída a partir de um ponto no qual o indivíduo se reconhece e a partir de onde constrói uma teia de relações com o outro e, através destas, com o mundo que o cerca, guardando uma história na medida em que o tempo implica duração e continuidade. Nesse sentido, o habitar definido como ato social, atividade prática, não se reduz a uma localização, mas estende-se ao plano da reprodução social que transcende o plano do individual. Mas é a partir dele que o mundo exterior está em plena conjunção com o mundo humano construído enquanto exigência humana de liberdade.

Assim, a ação que se volta para o fim de viabilizar a existência humana se realizaria enquanto processo de reprodução da vida, pela mediação do processo de apropriação do mundo como realidade concreta.

Essa perspectiva torna imperativa a análise do processo de reprodução, cuja noção envolve a produção e suas relações mais amplas, ligando-se às relações que ocorrem no lugar do morar, nas horas de lazer, na vida privada, guardando o sentido do dinamismo das relações entre necessidades e desejos.

Engloba, também, as ações que fogem ao ou se rebelam contra o "poder estabelecido", a sociedade de classes constituindo-se num universo imbricado de situações que não pode deixar de contemplar a dialética entre necessidades/aspiração/desejos, os quais se encontram latentes na vida cotidiana.

Os argumentos acima expostos também permitem construir a hipótese de que a noção de *produção do espaço* envolve os momentos de produção e criação, fazendo do espaço, ao mesmo tempo e dialeticamente, obra e produto: como produto da sociedade e como obra de sua história. Para Lefebvre a distinção entre obra e produto é relativa e, no limite, não haveria razão para efetuá-la, uma vez que a obra atravessa o produto e este não impede a obra, o que significa dizer que o uso como possibilidade está sempre latente na forma mercadoria. Por um lado aponta que a criação não é absorvida pelo repetitivo, por outro, que a produção, em seu sentido amplo, compreende obras múltiplas, produtos, uma cultura, objetos etc. Assim se realiza o movimento que vai do plano da fenomenologia para o da prática real, e deste para o virtual. Nesse aspecto, significa dizer que o mundo produzido revela-se como obra humana, ao longo do processo civilizatório, em sua reprodução, praticamente, isto é, no plano de realização real e prática da vida, como práxis. Há nesse processo uma dupla determinação: o homem se objetiva construindo um mundo real e concreto ao mesmo tempo que se subjetiva no processo ganhando consciência sobre essa produção. Assim, se no plano do conhecimento o espaço revela-se em sua dimensão abstrata, ele corresponde também a uma realidade real – sua produção social – ligando-se ao plano do real. A materialização do processo é dada pela concretização das relações sociais produtoras dos lugares, revelando a dimensão da produção/reprodução do espaço. É assim que o enfoque espacial envolve a sociedade em seu conjunto, em sua ação real, objetivando-se.

Em síntese, as relações sociais ocorrem num lugar determinado sem o qual não se concretizariam, num tempo fixado ou determinado que marcaria a duração da ação. Essa prática realiza-se no plano do lugar e expõe a realização da vida humana nos atos da vida cotidiana, enquanto modo de apropriação que se realiza através das formas e possibilidades da apropriação e uso dos espaços-tempos no interior da vida cotidiana. Isso tudo revela uma contradição importante entre o processo de produção do espaço, que tem por sujeito a sociedade como um todo, embora sua apropriação seja privada. Por esse motivo, significa afirmar que os acessos aos lugares condicionantes do uso encontram-se submetidos à forma mercantil da mercadoria, enquanto seu acesso se define no mercado, posto que o espaço é produzido e reproduzido enquanto mercadoria reprodutível, uma vez que o desenvolvimento do capitalismo transforma todos os bens e produtos em mercadoria. A produção do espaço numa sociedade fundada sobre a troca determina, direta ou indiretamente, a acessibilidade aos lugares da vida por meio das leis do mercado, subsumido pela existência da propriedade privada da riqueza gerada no seio da sociedade em sua totalidade.

Notas

[1] Numa tradução simples, o termo significa "o questionamento do que aparece como óbvio". Significa, portanto, o ponto de partida do pensamento que contém "um momento de desmistificação que afasta as aparências e preconceitos, mas não faz tábula rasa da consciência do homem" e se realiza a partir de um ponto de vista, por sua vez, determinado pela vida cotidiana do homem, que é caracterizada pela unidade entre pensamento, ação, sentimentos, expectativas, que é e permanece sendo o fundamento do mundo (Agnes Heller, *A filosofia radical*, São Paulo, Brasiliense, 1983, p. 7).

[2] P. George, *A ação do homem*, São Paulo, Difel, 1970, p. 23.

[3] Roger Brunet, "L'espace, règles du jeu", em F. Auriack e R. Brunet, *Espaces, jeux et enjeux*, Paris, Fayard (Fondation Diderot), 1986, p. 299.

[4] F. Braudel, *Mediterrâneo*, São Paulo, Martins Fontes, 1988, p. 1.

[5] K. Marx, *Grundrisse, 2. Chapitre du Capital*, Paris, Éditions Anthropos, 1968, p. 24.

[6] D. Ribeiro, *Processo civilizatório*, Petrópolis, Vozes, 1981.

[7] K. Marx; Engels, F. *A ideologia alemã*. São Paulo, Hucitec, 1987, v. 1.

[8] M. Chauí, *Convite à filosofia*, 13. ed., São Paulo, Ática, 2006, p. 230.

[9] K. Marx, op. cit., p. 24.

[10] Henri Lefebvre, *De lo rural a lo urbano,* 4. ed., Barcelona, Península, 1978, p. 164.

[11] Henri Lefebvre, *Hegel, Marx et Nietzsche: ou le royaume des ombres*, Tournai, Casterman, 1975, p. 71.

[12] K. Marx, op. cit., p. 7.

[13] A *objetividade* do processo de constituição do humano por ele mesmo, como autocriação, é o sentido apontado pelo materialismo histórico. O sentido da objetividade em Marx é o da natureza que se transforma em mundo histórico, como prática através da dissolução e deterioração do antigo.

[14] H. Lefebvre, op. cit., p. 66.

[15] H. Lefebvre, op. cit., p. 55.

[16] H. Lefebvre, *La fin de l'histoire*, Paris, Éditions Anthropos, 2001, p. 45.

[17] Idem, p. 4.

[18] K. Kosík, *Dialética do concreto*, p. 180.

[19] H. Lefebvre, *De l'État*, Paris, Union Générale d'Éditions, 1978, v. 3, capítulo 1.

[20] I. Calvino, *Cidades invisíveis*, São Paulo, Companhia das Letras, 1991, p. 38.

[21] H. Lefebvre, *Metafilosofia*, Rio de Janeiro, Civilização Brasileira, 1967, p. 256.

[22] Convém não esquecer que para Marx o objetivo do trabalho não é criar valor, conforme apontado nos *Grundrisse*, v. 2, p. 7.

[23] Idem, p. 24.

[24] P. V. La Blache, *Tableau de la géographie de la France*, Paris, La Table Ronde, 1994, p. 7.

[25] Idem, p. 16.

[26] J.-F. Deneux, *Histoire de la pensée géographique*, Paris, Belin, 2006, p. 42.

[27] O. Dollfus, *O espaço geográfico*, São Paulo, Difel, 1972, p. 7.

[28] Idem, p. 8.

[29] Idem, p. 9.

[30] Idem, p. 7.

[31] T. Unwuin, *El lugar de la geografía*, Madrid, Cátedra, 1995, p. 291.

[32] Uma advertência: a expressão *passagem* indica movimento de passagem de um processo a outro, o que não elimina o anterior, mas, do contrário, surge dele e ganha realidade através dele, como outra forma de realização.

[33] G. Perec, *Espèces d'espaces*. Le corps, Paris, Éditions du Seuil, 1995, p. 14.

[34] M. Lussault, *De la lutte des classes à la lutte des places*, Paris, Grasset, 2009, p. 18.

[35] O homem habita espaços, deles se apropriando, mesmo ao comprar um valor de troca que é a habitação, e é por isso que a casa é arrumada e adornada com objetos diferencialmente. Nesse sentido, o usador se difere do usuário na medida em que o primeiro usa criativamente o espaço como condição de realização do sujeito. O usuário é o consumidor de serviços (exemplo: usuário do transporte coletivo).

[36] W. Benjamin, Paris, capital do século xix, em F. Kothe (org.), *Walter Benjamin*: sociologia, São Paulo, Ática, 1985, p. 43.

[37] H. Lefebvre, *Le materialisme dialectique*, Paris, puf, 1971, p. 125.

DA *ORGANIZAÇÃO* À *PRODUÇÃO* DO ESPAÇO

"O saber adquirido coloca-se em questão e o momento da dúvida pertence ao saber como aquele da afirmação."
Henri Lefebvre

A preocupação com a localização das atividades humanas identificou o espaço com o palco da ação do homem. Dessa situação decorrem as derivações analíticas que associam o espaço a um quadro físico, e, imediatamente, materialidade. A Geografia jamais conseguiu desvencilhar-se de ser sinônimo de localização dos fenômenos no mapa. Todavia, da associação do espaço com a localização desdobra-se a ideia de que o grupo humano organiza uma porção do planeta, diferenciando-o. A organização, nesse sentido, é pensada como "acomodação, feita para atender às necessidades da comunidade local, do mosaico constituído pelo espaço bruto diferenciado".[1] Portanto, "a cada tipo de sociedade, a cada etapa da evolução histórica correspondem formas de organização do espaço, que podemos agrupar em famílias, embora por vezes de maneira algo arbitrária".[2] Desse modo, é possível pensar que

> a organização do espaço fundamenta-se na existência de uma trama muito densa de redes diversificadas, complexas e complementares, dispostas de forma a se relacionarem com uma teia cujas malhas fortes coincidem com as do travejamento urbano. Os equipamentos de infraestrutura inserem-se no espaço, possibilitando a articulação das atividades localizadas.[3]

Nessa perspectiva, "todo espaço geográfico é organizado".[4]

Na Geografia a noção de *espaço*, com muita dificuldade, supera sua condição de materialidade pura em direção à possibilidade de pensar o espaço como *produção social*. Trata-se de um salto qualitativo expressivo em direção à compreensão do mundo moderno. Entretanto, esse processo não é nem linear e nem mesmo homogêneo. Na construção do pensamento geográfico (e, aqui nos referimos especificamente à Geografia brasileira) é possível perceber uma nítida inflexão, senão ruptura, que se estabelece nos anos 1970 (evidentemente como expressão das transformações da Geografia norte-americana e da europeia) a partir do questionamento sobre a elaboração do pensamento constituído até então, problematizando sua potência explicativa sobre o mundo e, nessa direção, permitindo construir os fundamentos da noção de *produção do espaço* sob a orientação do materialismo histórico. Dessa forma, o método dialético permitiu pensar as contradições do processo e, com isso, situar o lugar e o papel dessa produção na totalidade da produção social capitalista.

No plano da realidade, a produção do espaço é anterior ao capitalismo e se perde numa história de longa duração iniciada no momento em que o homem deixou de ser coletor e caçador e criou condições de, através de seu trabalho, transformar efetivamente a natureza (dominando-a). O espaço como produção emerge da história da relação do homem com a natureza, processo no qual o homem se produz enquanto ser genérico numa natureza apropriada e condição de nova produção. Desse modo, a natureza vai assumindo no processo inicialmente a condição da realização da vida no planeta, meio através do qual o trabalho se realiza, até assumir a condição de criação humana – como resultado da atividade que mantém os homens vivos e se reproduzindo – no movimento do processo de humanização da humanidade, como apontado no capítulo "*Thaumazein*" e agora retomado para sinalizar o movimento qualitativo do conhecimento geográfico da realidade.

No capitalismo, essa produção adquire contornos e conteúdos diferenciados dos momentos históricos anteriores, expande-se territorial e socialmente (no sentido de que penetra em todos os lugares do mundo e em toda a sociedade) incorporando as atividades do homem, redefinindo-se sob a lógica do processo de valorização do capital. Nesse contexto, o próprio espaço assume a condição de mercadoria como todos os produtos dessa sociedade. A produção do espaço se insere, assim, na lógica da produção capitalista que transforma todo o produto dessa produção em mercadoria. A lógica do capital fez com que o uso (acesso necessário à realização da vida) fosse redefinido pelo valor de troca e, com isso, passasse a determinar os contornos e sentidos da apropriação do espaço, pelos membros desta sociedade. O que queremos enfocar, neste capítulo, é a generalização da produção do espaço sob a determinação do *mundo da mercadoria*. Trata-se, também, do momento histórico em que a expansão da mercadoria penetra profundamente na vida cotidiana, reorientando-a sob sua estratégia. É a ocasião em que a propriedade privada invade a vida de forma definitiva, redefinindo o lugar de cada um no espaço, encerrado numa prática sócio-espacial limitada pela norma como forma legítima de garantir os acessos diferenciados aos bens produzidos.

O espaço aparece e é vivido de forma distinta quando a habitação torna-se uma mercadoria, quando o ato de habitar passa a ser destituído de sentido, decorrente do fato de que os homens se tornam instrumentos no processo de reprodução espacial, e suas casas se reduzem à mercadoria, passíveis de ser trocadas ou derrubadas (em função das necessidades do crescimento econômico). Nessa lógica, a atividade humana do habitar, da reunião, do encontro, do reconhecimento com os outros e com os lugares da vida ganha uma finalidade utilitária. É o momento em que a apropriação passa a ser definida no âmbito do mundo da mercadoria, no qual o uso é redefinido pela constituição do "mundo" da propriedade privada, submetido ao império da troca – pela mediação do mercado e da troca – num processo em que o espaço se reproduz enquanto mercadoria cambiável delimitando os usos e lugares sujeitos à apropriação diante da fragmentação imposta pelo sentido e amplitude da generalização da propriedade privada no solo, como expressão da propriedade privada da riqueza. Nesse contexto, a vida se normatiza em espaços reduzidos a uma função específica. Quanto mais o espaço é submetido a um processo de funcionalização, mais é passível de ser manipulado, limitando-se, com isso, as possibilidades da apropriação. Nesse processo, o indivíduo se reduz à condição de usuário, enquanto o ato de habitar, como momento de apropriação criativa, se reduz ao de morar, ou seja, à simples necessidade de abrigo. Esse processo materializa-se no plano do lugar – como aquele em que se instaura o vivido – ao passo que o plano do imediato, a morfologia, reproduz uma hierarquia social que vai em direção à segregação sócio-espacial, fragmentação dos espaços-tempos da vida humana em seus acessos diferenciados, marcando as diferenças de classe. O plano do vivido se encontra regulado por instituições, por códigos, por uma cultura, que se projeta na realidade prático-sensível a partir de uma ordem distante, isto é, de uma totalidade mais vasta que domina e orienta o processo por meio do Estado.

Vislumbra-se, assim, praticamente, que a autoprodução do humano se faz por cisões cada vez mais profundas. Nesse sentido, segundo Lefebvre,[5] a mímese penetra a práxis orientando-a, abarcando a repetição de gestos e atividades que vão invadindo e redefinindo os atos, seja aqueles do ritmo do trabalho (invadido pela máquina que orienta as tarefas de forma mecânica), ou no desenvolvimento do papel da mídia e dos meios de comunicação que vão impondo comportamentos homogêneos através da veiculação de comportamentos submetidos à moda como fator gerenciador de negócios. As novas formas de comércio, com a generalização dos *shopping centers* (que tendem a destruir o comércio de bairro e, com ele, as relações de sociabilidade que tal encontro provoca) as novas formas de lazer, coordenadas pelo mercado do entretenimento que torna este dispêndio de tempo um momento produtivo em espaços construídos como simulacros (como forma de usos produtivos). Assim, a reprodução do espaço aponta a direção e o caráter mundial da reprodução social, englobando também a produção da cotidianidade.

Atualmente a cotidianidade comporta a cisão da vida real em setores separados, funcionais, organizados, estruturados como tais: o trabalho (na empresa ou no escritório) a vida privada (na família, no lugar de residência) os lazeres. A separação desses três domínios observa-se *in loco* nas aglomerações humanas tais quais se tornaram e tais quais se constroem. Na cidade e na vila, outrora (não sem alguns entreves inconvenientes) esses aspectos da vida humana estavam unidos. Hoje em dia, em sua separação, caracteres comuns os ligam constituindo assim a unidade do cotidiano, Quais são esses caracteres comuns aos setores separados por uma práxis implacavelmente analítica? No trabalho a passividade, a aceitação inevitável de decisões tomadas alhures e vindas de cima; uma vida privada, os diversos condicionamentos, a fabricação do consumidor pelo fabricante de objetos; nos lazeres a colocação em imagens e em espetáculo do "mundo" em imagens e em espetáculo. Em suma, em toda essa passividade, a não participação. Assim a cotidianidade se reduz cada vez mais ao repetitivo (que não é mais o dos grandes ritmos e grandes ciclos cósmicos, mas o do tempo linear, dos gestos mecânicos e dos movimentos comandados por sinais). [...] a cotidianidade se consolida, se estabelece. É sistematizada. É submetida ou controlada (em particular pelas redes de circulação e de comunicação e de comunicações, e por exigências técnicas). [...] o funcional e o institucional não se situam apenas nas esferas superiores do cotidiano. Entram nelas [...] a separação da cotidianidade em setores, essa cisão moderna do humano, também é funcionalizada e institucionalizada. [...] A cotidianidade suscita problemas novos. E inicialmente este: aceitamos nós a cotidianidade em suas modalidades, a um tempo estranhas (alienadas) triviais, inumanas e familiares, desarticuladas e monótonas? Submetemo-nos a ela como a um destino ou podemos e devemos considerar o domínio do cotidiano como dimensão da liberdade, transformação radical do homem que se tornou cotidiano e definido até certo ponto pela cotidianidade? Há aqui uma decisão

DA *ORGANIZAÇÃO* À *PRODUÇÃO* DO ESPAÇO

teórica a tomar, um projeto a iluminar, uma palavra a dizer. Antigas palavras de ordem brilhando no limiar de um pensamento que não queria mais ser especulativo e inutilmente abstrato – transformar o mundo em lugar de interpretá-lo (Marx), mudar a vida (Rimbaud) – não devem assumir novo sentido, mais preciso e mais amplo diante do cotidiano instaurado como tal?[6]

O processo caminha, portanto, em direção à abstração, à homogeneidade e à repetição através de mediações múltiplas, apagando o histórico e projetando-se no mundial, e também deslocando as contradições para este plano. É assim que a produção do espaço em seu novo sentido – no processo de valorização do valor – inscreve-se e realiza-se na contradição entre espaços integrados e desintegrados em relação ao movimento de reprodução do capital como desdobramento da contradição centro-periferia. O mundial esmaga e coage as relações nos lugares desintegrados em relação à lógica da reprodução global.

Portanto, trata-se do momento histórico em que a existência generalizada da propriedade privada reorienta e organiza o uso do lugar. Momento também em que o espaço-mercadoria se propõe para a sociedade enquanto valor de troca destituindo-o de seu valor de uso e, nessa condição, subjugando o uso, que é condição e meio da realização da vida social, às necessidades da reprodução da acumulação como imposição para a reprodução social. É exatamente nesse momento que a extensão da propriedade se realiza plenamente, ganhando novos contornos, através da produção do espaço enquanto mercadoria e produzindo novas contradições. Neste período da história, realiza-se socialmente, por meio da apropriação privada, a lógica do valor de troca sobre o valor de uso que está no fundamento dos conflitos tanto no campo quanto na cidade.

Esses conflitos explicitam as estratégias que criam novos setores de atividade como extensão das atividades produtivas, pois a reprodução do ciclo do capital exige, em cada momento histórico, determinadas condições especiais para sua realização. Isso se dá, em primeiro lugar porque a ocupação do espaço se realizou sob a égide da propriedade privada do solo, em que o espaço fragmentado é vendido em pedaços, tornando-se intercambiável a partir de operações que se realizam através e no mercado, ou seja, tendencialmente produzido enquanto mercadoria. Nessa condição o espaço entra no circuito da troca, generalizando-se na sua dimensão de mercadoria. Em segundo lugar, porque o espaço se reproduz enquanto condição da reprodução continuada e, nesse sentido, atrai capitais que migram de um setor da economia para outro, de modo a viabilizar a reprodução. É nesse processo que o valor de troca ganha uma amplitude expandida, o que pode ser constatado pela produção dos simulacros espaciais como decorrência de revitalizações urbanas ou por meio das exigências do desenvolvimento do turismo. Essa necessidade, que aparece como condição de realização da reprodução, é produto do fato de que determinada atividade econômica só pode se realizar em determinado lugar. E é assim que as particularidades dos lugares se reafirmam, constantemente, potencializadas pela reprodução. A prática espacial aponta, portanto, a escala local, realizando as estratégias cada vez mais articuladas ao global.

Desse modo, a noção de *produção* traz questões importantes, pois seu sentido desvela os conteúdos do processo produtivo, os sujeitos produtores, os agentes da produção material do espaço, as finalidades que orientam essa produção no conjunto de determinada sociedade, bem como as suas formas de apropriação. Tal produção distingue-se das outras em seu significado e, por essa razão, apresenta outras implicações. Se a produção tem por conteúdo relações sociais, tem também, uma localização no espaço. Assim, há produção do espaço e produção das atividades no espaço, portanto, as atividades humanas se localizam diferencialmente no espaço, criando uma morfologia.

O caminho da reflexão aqui apresentando abre-se para a noção de reprodução do espaço. Esse fato permite, também, o deslocamento do enfoque eminentemente econômico da noção de *acumulação* – vinculada estritamente ao movimento do processo de produção do valor – àquela de *reprodução* como questão social, capaz de extrapolar a esfera do trabalho e da produção: a) ultrapassando a compreensão do indivíduo como força de trabalho; b) superando a ambiguidade da compreensão do espaço reduzido à ideia de meio ambiente; c) iluminando as representações construídas sobre o espaço; d) esclarecendo as lutas da sociedade como lutas pelo espaço contendo a apropriação contra a propriedade. Desse modo, o ato geral de produzir da sociedade no sentido de permitir sua reprodução enquanto espécie, como ato de produção da vida em todas as suas dimensões, apresentar-se-ia como ato de *reprodução do espaço*, ao mesmo tempo que este espaço aparece como condição e meio de realização das novas atividades em sua totalidade, no seio da reprodução da sociedade capitalista e permitindo sua crítica.

Sintetizando os argumentos, é possível constatar que as relações sociais realizam-se como relações reais e práticas revelando-se como relações espaço-temporais e exigindo uma teoria da prática sócio-espacial enquanto desafio para desvendar a realidade em sua totalidade e as possibilidades que se desenham no horizonte para a vida humana. Nessa perspectiva, ganha centralidade o conceito de reprodução social do espaço. Assim, a sociedade se apropria do mundo, ao se apropriar de um espaço-tempo determinado, num momento histórico definido. Nesse contexto a reprodução continuada do espaço se realiza enquanto aspecto fundamental da reprodução ininterrupta da vida. Esse processo entre sociedade e natureza segunda implica o entendimento de várias relações: sociais, políticas, ideológicas, jurídicas, culturais etc., compondo os níveis da realidade e dominando um modo de produzir, pensar e sentir, e, por extensão, também, um modo de vida. A reprodução do espaço recria, constantemente, as condições gerais a partir das quais se realiza o processo de reprodução do capital, do poder e da vida humana, sendo, portanto, produto histórico e ao mesmo tempo realidade presente e imediata.

Assim, em seus sentidos mais profundos a produção refere-se a relações mais abrangentes. No plano espacial, significa o que se passa fora da esfera específica da produção de mercadorias e do mundo do trabalho, sem, todavia, deixar de incorporá-lo, para estender-se ao plano do habitar, ao lazer, à vida privada, isto é, ampliando-se pela incorporação de espaços cada vez mais amplos, explicitando a reprodução capitalista. Decorre dessa determinação um conjunto de condições para sua realização, tendo o processo de valorização como finalidade última e necessária da acumulação da riqueza no plano da análise da vida cotidiana enquanto lugar da reprodução contraditória da vida. Nessa perspectiva, isso significa dizer que o processo de produção do espaço não se reduz a uma produção material do mundo.

Desse modo, o ponto de vista marxista – que permite pensar o mundo enquanto prática, enquanto processo de transformação de si mesmo, como movimento ininterrupto da sociedade, como sujeito realizando-se – permite aos geógrafos rever, criticamente, suas ideias sobre a relação homem e meio. Mas essas ideias, ao se constituírem como horizonte para analisar a prática sócio-espacial, requerem, como pressuposto, um entendimento sobre o espaço como conceito teórico e como realidade concreta, elucidando o momento da história atual, no qual o processo de reprodução da sociedade, sob o comando do capital, realiza-se através do movimento da reprodução do espaço.

Na obra de Lefebvre a consideração da noção de espaço adquire importância no momento em que ele se depara com a necessidade de esclarecer a reprodução continuada do capital na segunda metade do século XX, como ocasião de superação de suas crises. Numa primeira aproximação a *problemática do espaço* desenvolve-se nas obras do autor a partir da discussão da noção de modo de produção, apontando para o fato de que a situação das forças produtivas, naquele momento, não se restringiria à produção de coisas no sentido clássico do termo, mas se estenderia à produção como reprodução de relações sociais, bem como à compreensão da reprodução do espaço social, como necessidade do modo de produção capitalista em sua fase de realização. Para o autor, a reprodução se realizaria no espaço concreto como condição necessária à realização da acumulação, sob o comando do Estado, abarcando o saber, o conhecimento, as relações sociais, as instituições gerais da sociedade e abrindo-se para a produção do espaço. A tese central de sua obra *A produção do espaço* repousa na ideia de que

> o modo de produção organiza, produz, ao mesmo tempo em que certas relações sociais, seu espaço (e seu tempo). É assim que ele se realiza, posto que o modo de produção projeta sobre o terreno estas relações, sem, todavia deixar de considerar o que reage sobre ele. Certamente, não existiria uma correspondência exata, assinalada antes entre relações sociais e as relações espaciais (ou espaço-temporais). A sociedade nova se apropria do espaço preexistente, modelado anteriormente; a organização anterior se desintegra e o modo de produção integra os resultados.[7]

Nesse caminho é possível apreender o momento a partir do qual o espaço passa a ser fundamental para a reprodução do modo de produção capitalista, como condição para a reprodução ampliada do capital assegurada pelo Estado (que produz um espaço controlado). Em seu desenvolvimento, o capitalismo produziu, segundo essa argumentação, o espaço da mundialidade através de relações novas de reprodução e dominação.

A noção de produção, na perspectiva analisada por Marx e Lefebvre, permite reconstituir o movimento do conhecimento geográfico a partir da materialidade incontestável do espaço em direção aos conteúdos mais profundos da realidade social e em direção à descoberta dos sujeitos e suas obras. Nesse caminho a análise do espaço coloca-se como momento indispensável da compreensão do mundo contemporâneo.

Em torno dos sujeitos da produção

A noção de *produção do espaço*, como vimos, recai sobre conteúdos e determinações e nos obriga a considerar os vários níveis da realidade enquanto momentos diferenciados da reprodução geral da sociedade em sua complexidade. Focalizando a sociedade como sujeito da ação consciente, o Estado como aquele da dominação política, o capital em suas estratégias objetivando sua reprodução continuada (e aqui nos referimos às frações do capital, que são o industrial, o comercial e o financeiro e suas articulações com os demais setores da economia, tais como o mercado imobiliário), e, por fim, os sujeitos sociais que, em suas necessidades/desejos vinculados à realização da vida humana, têm o espaço como condição, meio e produto de sua ação. Esses níveis correspondem aos da prática sócio-espacial real (objetiva e subjetivamente), que ganha sentido como produtora dos lugares encerrando em sua natureza um conteúdo social dado pelas relações sociais que se realizam num espaço-tempo determinado, enquanto processo de produção, apropriação, reprodução da vida, da realidade, do espaço em seus descompassos, e, portanto, fundamentalmente, em suas contradições.

Essa prática, que envolve toda a sociedade, concretiza-se no plano do lugar, o que, certamente, inclui outras escalas e expõe a realização da vida humana nos atos da vida cotidiana, enquanto modo de uso. É assim que cada momento da história produz-se em um espaço que supõe as condições de vida da sociedade em sua multiplicidade de aspectos. A análise do lugar, que envolve também a análise da vida cotidiana, pressupõe a superação do entendimento da *produção do espaço* restrita ao plano do econômico, abrindo-se para o entendimento da sociedade em seu movimento mais amplo, como espaço constitutivo da realização da vida humana no seio da produção do espaço em sua dimensão abstrata de mercadoria.

Na obra *De l'État*, Lefebvre parte da hipótese, confirmada ao longo de seu trajeto de análise, de que o Estado domina a sociedade inteira. Em primeiro lugar, por meio do crescimento econômico, por uma estratégia que muda, em seguida, como instituição, abrangendo todas as organizações e todas as atividades da sociedade, constituindo-se enquanto centro de decisões e protegendo o funcionamento dos organismos sociais, com a condição de colocá-los sob sua tutela. Por sua vez, a equivalência conquistou tudo, dos signos aos lugares, bens, trabalhos, tempos, gostos, necessidades e o cotidiano, impondo-se ao não idêntico e ao não equivalente. Desse modo, o "estatista" fez do equivalente o seu princípio sob o nome de lei. Nessa situação a natureza da intervenção do Estado garante a exploração multiforme e a igualdade na exploração mútua e recíproca, enquanto a lei garante a igualdade e, no interior desta, a manutenção da desigualdade. A relação economia-política impulsionada pelo Estado se concretiza espacialmente ganhando a dimensão global, encerrando a reprodução nos quadros políticos, uma vez que a partir de um certo momento o Estado passa a assegurar as condições de reprodução através das relações de dominação (e todas as suas implicações) como tarefa primordial. Assim, para o autor, a mundialidade do espaço se manifesta claramente a partir do momento histórico em que a reprodução das relações sociais ganham um outro sentido. O que há de novo é a intervenção do Estado no espaço através das instituições consagradas à gestão e à produção do espaço, que leva em conta as forças sociais novas apoiadas na técnica e no conhecimento.

Nessa direção, a contradição fundante da produção espacial (produção social/apropriação privada) desdobra-se na contradição entre a produção de um espaço orientada pelas necessidades econômicas e políticas (em suas alianças possíveis), e a reprodução do espaço enquanto condição, meio e produto da reprodução da vida social. No primeiro caso, a reprodução do espaço se orienta pela imposição de uma racionalidade técnica, assentada nas necessidades impostas pelo desenvolvimento da acumulação que produz o espaço enquanto condição da produção, desvelando as contradições que o capitalismo suscita em seu desenvolvimento. No segundo caso, a reprodução da vida prática se apresenta, tendencialmente, invadida por um sistema regulador, em todos os níveis, concretizada no espaço enquanto norma – ditos e interditos – que formaliza e fixa as relações sociais, reduzindo-as a formas abstratas e autonomizando as esferas da vida e, como consequência, dissipando a consciência espacial.

Nesse aspecto, para além de objetos, podemos afirmar que o sentido da noção de produção aponta um processo real, amplo e profundo enquanto um conjunto de relações, modelos de comportamento, sistema de valores, formalizando e fixando as relações entre os membros da sociedade, e, nesse processo, produzindo um espaço em sua dimensão prática. Em sua dimensão de prática sócio-espacial, a produção do espaço revela a realização da vida cotidiana, o modo como se produz o espaço da vida nos modos de apropriação-uso do espaço que a sociedade efetiva enquanto momento da sua produção (*lato sensu*).

A produção do espaço, ao apontar, como consequência, sua reprodução, faz com que nos deparemos com a necessidade de compreender o movimento em direção à realização dessa sociedade, e isso expressa a linearidade, mas, fundamentalmente, a simultaneidade dos processos. Uma relação dialética entre o tempo cíclico e o tempo linear; entre a continuidade e a descontinuidade; a ruptura e a crise, obrigando-nos a pensar os termos da reprodução da sociedade hoje (sob a égide da reprodução capitalista) em suas possibilidades e limites definidos. Neste caminho podemos inicialmente afirmar que o espaço (tratado pela Geografia) evidencia-se em suas dimensões: 1. *material* – Nesta condição, refere-se à dimensão física; espaço-tempo da vida real como prática sócio-espacial concreta. O espaço em sua dimensão objetiva – em uma concretude material, real – pode ser interpretado como momento constitutivo da práxis. Do plano material se depreende a morfologia espacial como produto direto das relações sociais de apropriação da riqueza, sob a orientação e a existência da propriedade. Por sua vez, a morfologia compõe com a paisagem e o lugar uma tríade. Nesse plano, o espaço é localização, e é entendido como suporte das relações sociais (de produção e de propriedade), condição e meio da realização concreta da produção/distribuição/troca e consumo. Fluxos e fixos, portanto, materialidade e movimento. Esse momento da análise aponta uma realidade objetiva envolvida pela norma que organiza e orienta a vida, além de ser diretamente o vivido, o corpo, os sentidos, a palavra. 2. *concreta* – O que significa que a objetividade (não absolutizada) revela-se em sua dialética com a subjetividade. Também significa dizer que a sociedade produzindo e reproduzindo-se toma consciência de sua própria produção: o sujeito que produz se defrontando com o sentido dessa produção (estratégias e projetos), com as contradições e as cisões que entram em choque com as possibilidades da realização dos conteúdos do projeto humano – imaginação e sonho – transportando um projeto de mudança como momento necessário à superação da racionalidade funcional desse processo; 3. *abstrata* – Trata-se aqui do plano conceitual, no qual o conhecimento e a análise descobrem categorias novas, tais como apropriação, uso, valor de uso-valor de troca, cotidiano, o sensível e o corpo. Surgem também os movimentos/momentos de passagem: a) da produção à sua reprodução (tal qual exposto até aqui); b) das contradições no espaço às contradições do espaço, uma vez que a extensão do mundo da mercadoria, englobando o espaço e permitindo a realização da propriedade, tornou o espaço uma raridade, como veremos adiante;[8] c) do consumo no espaço para o consumo do espaço, consequência do fato de que, por um lado, o espaço tornado mercadoria se insere no conjunto dos bens necessários à reprodução da vida, de outro, a sociedade de consumo organizando o tempo de não trabalho (tornando-o produtivo) faz com que o uso do espaço para essa atividade deixe de ser apenas o lugar do consumo para ser consumido pela atividade do turismo e do lazer visando à realização de sua condição de mercadoria – isto é, o uso como momento do processo de valorização.[9] Em suma, trata-se aqui da subsunção de toda a vida ao mundo da mercadoria; e d) da prioridade da venda dos terrenos urbanos na cidade para a venda da cidade, no movimento atual do processo de realização do valor, em época de crise do modelo industrial.[10]

Níveis e escalas na produção do espaço[11]

O capitalismo realiza concretamente o que trazia, em si, como virtualidade: sua expansão por todo o planeta como condição para sua reprodução continuada, realizando-se como mundialidade. Dessa forma, nos deparamos com a produção de um espaço mundial e uma sociedade urbana como realização do mundial. Por essa razão, surge a exigência de uma análise que caminhe na consideração do mundial, e que contemple a espacialização das atividades sociais como entendimento da produção do espaço no conjunto da reprodução da sociedade capitalista mundial.

O espaço compreendido como movimento e processo que se realiza como condição, meio e produto da reprodução da sociedade permite desvendar também os níveis da realidade e as escalas imbricadas, capazes de fornecer uma compreensão das tensões que explodem em conflitos no plano da vida cotidiana. Como exemplos de níveis há o econômico, o político e o social, e como os de escala há o espaço mundial, o lugar, e, no plano intermediário, a metrópole.

Os níveis

a) O *nível econômico* é compreendido a partir das necessidades da reprodução do capital. Como *condição* para a reprodução do econômico, o espaço é infraestrutura, concentração, mercado de trabalho e de matéria-prima em sua simultaneidade de relações e justaposições de esferas individuais. Esses elementos se encontram em movimento e são totalizados pelo giro do ciclo do capital, aparecendo como capital fixo. Tal processo traz em si dois elementos essenciais de modo a garantir a ininterrupção do movimento que produz a mais-valia: continuidade e justaposição. Como *meio*, o espaço reduz-se à circulação capaz de articular os momentos necessários à realização da produção-distribuição-circulação-troca-consumo. Assim, se Marx inicia sua obra *O capital* com a célebre formulação "a riqueza das sociedades nas quais domina o modo de produção capitalista se apresenta como um imenso acúmulo de mercadorias e a mercadoria individual como a forma elementar dessa riqueza",[12] é somente mais tarde – depois de desvendar os movimentos do processo de reprodução em sua totalidade como desvendamento da lógica da reprodução ampliada do capital e como momento de elucidação do modo de produção capitalista com sua lógica – que chega à ideia de que "a riqueza social se expressa [no sistema capitalista] no entrelaçamento de produção e circulação",[13] isto é, no trajeto geral do processo de produção do valor como movimento, transformação, passagem. É preciso, portanto, considerar o movimento do raciocínio na obra de Marx, na qual o capital – definido como uma relação social – expõe-se como circulante, ou seja, em fluxo constante de reprodução, sem o qual não se valorizaria. Portanto, o conceito de produção se abre àquele de reprodução, e a circulação é, antes de tudo, o movimento que permite sua reprodução. A circulação é também movimento de passagem de um momento a outro de realização da cadeia produtiva, ligando, dialeticamente, espaço e tempo.

Surgindo como *produto*, defrontamo-nos com o espaço produtivo, que é o espaço como necessidade de realização do lucro e como capital fixo, pela reunião dos elementos que permitem a continuidade da produção-troca. Aqui o espaço se reproduz continuamente como possibilidade de realização ampliada dessa produção. O que se persegue é o processo de valorização do valor, de maneira que o produto espacial que decorre do movimento da produção do valor não se encerra em si, mas se abre para outro momento de valorização. É dessa forma que o espaço não é um produto qualquer, mas ganha uma expressão produtiva. Nesse nível, a cidade – como forma da produção do espaço e produto específico – se realiza como condição geral da produção, o que impõe uma determinada configuração morfológica que aparece como justaposição de unidades produtivas formando uma cadeia interligada. Isso se dá em função da articulação e das necessidades do processo produtivo, através da correlação entre os capitais individuais e a circulação geral do capital da sociedade, integrando os diversos processos produtivos, os centros de intercâmbio, os serviços e o mercado, além de reunir a mão de obra. Esse desenvolvimento tem potencializado a aglomeração enquanto exigência técnica, decorrente ora do gigantismo das unidades produtivas, ora da constituição de unidades complexas, ou ainda como exigência da "reconversão" industrial,[14] apoiada pela formação do capital financeiro que domina as operações sob o comando crescente da internacionalização do capital e mundialização das trocas. Desse ponto de vista, o capital, que é em essência circulante, necessita, para realização de seu ciclo produtivo, da passagem de uma fase a outra da produção, visando o consumo como realização do lucro. A diminuição do tempo e a fluidez no espaço são premissas e resultados de tal processo.

Desse modo, a cidade se reproduz, continuamente, enquanto condição geral do processo de valorização gerada no capitalismo no sentido de viabilizar os processos de produção, distribuição, circulação, troca e consumo. Com isso, busca-se permitir que o ciclo do capital se desenvolva possibilitando a continuidade da produção, logo sua reprodução. Há dois aspectos interdependentes do crescimento capitalista que estão na base da análise da aglomeração espacial:

a necessidade de reprodução ampliada do capital e a crescente especialização decorrente do aprofundamento da divisão social, técnica e espacial do trabalho, que exige novas condições espaciais para sua realização. Esse nível ocupa também a ação dos promotores imobiliários, das estratégias do sistema financeiro e as da gestão política. Às vezes, isso ocorre de modo conflitante, e em outros momentos de forma convergente, de modo a orientar e reorganizar o processo de reprodução espacial através da realização da divisão sócio-espacial do trabalho, promovendo especializações de áreas, hierarquizando lugares e fragmentando, como mediação necessária, os espaços vendidos e comprados no mercado. Do ponto de vista da lógica do capital, trata-se de produzir um espaço onde o sentido da homogeneidade pode ser constatado pelo movimento que torna o espaço, potencialmente, mercadoria intercambiável. Aqui a cidade é, por um lado, circulação permeada por vias expressas, pontes e viadutos, e, por outro, força produtiva.

b) O *nível político* envolve como *condição* para sua realização, a existência do território definido como ação do Estado através da mediação do poder local. Esse processo ocorre não sem contradições. No urbano elas intervêm no processo de produção da cidade criando/reforçando centralidades como forma de dominação, reforçando a hierarquia dos lugares em função de sua importância estratégica para a reprodução, criando novas centralidades como produto do desenvolvimento do capitalismo em suas novas exigências, impondo sua presença em todos os lugares, agora sob controle e vigilância (seja direta ou indireta) através da mediação da norma. Desse modo, o Estado desenvolve estratégias que orientam e asseguram a reprodução das relações no espaço inteiro (elemento que se encontra na base da construção de sua racionalidade) produzindo-o enquanto instrumento político intencionalmente organizado e manipulado. O espaço é, portanto, um *meio* e um poder nas mãos de uma classe dominante, que diz representar a sociedade, embora não abdique de objetivos próprios de dominação e que usa as políticas públicas para direcionar e regularizar fluxos, centralizando, valorizando e desvalorizando os lugares através de intervenções como "ato de planejar". Nessa condição, o espaço se pretende homogêneo (pela dominação) e hierarquizado (pela divisão espacial do trabalho). Como *produto*, evidencia-se o espaço da norma e da vigilância como forma da construção de um espaço estratégico.

O Estado, através da política urbana, reorganiza as relações sociais e de produção. A socialização da sociedade, que tem por essência a urbanização, revela-se na planificação racional do espaço, na organização do território, no processo de industrialização global. Assim, o Estado desenvolve estratégias que orientam e asseguram a reprodução, ao passo que, enquanto instrumento político, sua intervenção aprofunda as desigualdades como decorrência da orientação do orçamento, dos investimentos realizados no espaço, o que desencadeia processos de valorização diferenciados não só entre algumas áreas, mas também em detrimento de outras áreas e de outros setores sociais.

c) O *nível social*, por sua vez, é o mais importante, posto que nele os dois outros ganham visibilidade, realizando-se, dialeticamente. O foco recai sobre as relações sociais que ocorrem num lugar determinado, sem o qual estas não se concretizariam, e num tempo fixado ou determinado, realizando-se enquanto modos de apropriação do espaço para a reprodução da vida em todas as suas dimensões. Estas dimensões não se limitam ao mundo do trabalho, mas abrangem e ultrapassam a produção de objetos, produtos e mercadorias.

Revelam-se aqui as condições nas quais a vida da sociedade se realiza. É o plano da vida cotidiana (como prática real e de possibilidades nela contidas), em que nos defrontamos com a dialética entre o uso (como apropriação necessária dos lugares de realização da vida) e a imposição do espaço enquanto valor de troca. Desse modo, a partir da constituição do "mundo da mercadoria" como linguagem, cultura, norma, a vida cotidiana surge como o nível da apropriação e do conflito, na qual as diferenças se expressam e são vividas concretamente. Isso ocorre porque a produção da vida não se refere apenas à produção de bens para satisfação das necessidades materiais, mas abrange também a produção da humanidade do homem (como apontado no capítulo "*Thaumazein*"). O plano da produção articula, portanto, a produção voltada para o desenvolvimento das relações de produção de mercadorias e a produção da vida em suas possibilidades, num sentido mais amplo e profundo e este é o fundamento da desigualdade que explicita o conflito. Refere-se também aos modos de apropriação que criam a identidade a partir da escala do habitar como elemento de construção/estabelecimento e sustentação da memória.[15] Esse contexto implica o desenvolvimento do conceito de produção enquanto modo de apropriação que constrói o ser humano criando a identidade, que se realiza pela mediação do *outro* (sujeito da relação). Em sua materialização, realiza-se na indissociabilidade espaço-tempo que aparece através da ação humana em sua reunião. Uma ação que tem por finalidade concretizar a existência humana enquanto processo de reprodução da vida, pela mediação do processo de apropriação do mundo. Trata-se de um processo que ocorre apontando, de um lado, persistência e preservação dos lugares e modos de vida, e, de outro, dialeticamente, rupturas e transformações, impostas pelo crescimento econômico.

Nesse nível de realidade, o espaço produzido pela lógica da reprodução capitalista se torna fragmentado – como decorrência da generalização do processo de mercantilização do espaço, fundada na existência da propriedade privada do solo urbano, e da ação dos empreendedores imobiliários –, revelando que as estratégias que percorrem o processo de reprodução espacial são estratégias de classe, e entra em contradição com o uso. Isto é, grupos sociais diferenciados, com objetivos, desejos e necessidades também diferenciadas, tornam as estratégias conflitantes.

Pensado agora como *condição*[16] para a realização da sociedade, estamos diante do espaço da materialização das relações sociais. Ele aparece como prática e suporte da realização das relações sociais, do uso e da reunião dos membros da sociedade que, pela atividade real, vão constituindo a identidade na prática e a partir de relações do homem com o outro, isto é, como objetividade e subjetividade, como prática e realidade. Como *meio*, esse espaço realiza-se enquanto circulação de modo a permitir a mobilidade, a passagem de um lugar a outro, fluidez entre o público e o privado, além de permitir também a constituição de uma história individual, necessariamente inserida em uma história que é coletiva.

Por sua vez, na qualidade de *produto* teríamos o espaço enquanto valor de uso, e, nessa condição, questionando a lógica produtiva do capital, na medida em que a vida gera a necessidade de produção dos espaços improdutivos, que não se baseiam pela lógica do processo de valorização, ou não são seu produto. Assim a atividade prática muda constantemente o espaço e os significados dos lugares, de maneira que traços novos e distintos trazem novos valores aos lugares e re-nomeiam constantemente as atividades. O plano do habitar revela o plano da imediaticidade que dá conteúdo ao vivido enquanto realidade prático-sensível, enquanto prática sócio-espacial, e, nessa dimensão, as experiências vividas revelam o usador.[17] Desse modo, os lugares da vida se distinguem e se diferenciam posto que são marcados por um emprego de tempo que se evidencia num uso específico que se circunscreve na vida cotidiana aos níveis das atividades de trabalho, lazer e da vida privada, envolvendo, portanto, momentos produtivos e improdutivos. No plano da vida cotidiana essa produção expõe os conflitos provenientes das contradições entre os níveis. É nesse sentido que o espaço aparece enquanto condição, meio e produto da reprodução social, declarando-se numa prática que é sócio-espacial.

Assim, se a produção do espaço, do ponto de vista econômico, ocorre sob a racionalidade da busca do lucro e do crescimento, no plano do político, sob a lógica do planejamento, o espaço se normatiza e se instrumentaliza. Já no plano social, o espaço denuncia a vida, e, desse modo, a sociedade em seus conflitos, pois o econômico e o político se confrontam com as necessidades da realização da vida humana, que se concretizam e se expressam na e através da vida cotidiana, isto é, no plano do lugar.

No plano da forma espacial a imbricação desses níveis declara-se numa morfologia estratificada,[18] donde se depreende, dialeticamente, três características. É simultaneamente homogênea (pela extensão da condição do espaço de se tornar real e, potencialmente, mercadoria), fragmentada (pela existência da propriedade privada da terra/solo) e hierarquizada (pela articulação diferenciada dos lugares pela dialética entre lugares integrados/desintegrados ao processo de reprodução capitalismo). Na cidade aparece sob a forma de segregação na justaposição morfologia social/morfologia espacial produzindo a cidade como segregação com seu sentido estratégico: a separação das práticas sócio-espaciais visando à reprodução social, que, ao delimitar um lugar para cada um – "criando áreas homogêneas apoiadas em identidades de classe e, pretensamente, apartadas do todo social e da cidade",[19] escamoteia o conflito. A relação contraditória entre necessidade e desejo, uso e troca, identidade e não identidade, estranhamento e reconhecimento permeia a prática sócio-espacial.

Na forma urbana a morfologia se pretende reprodutora da modernidade, por meio do discurso arquitetônico, que torna as câmeras de vigilância presença obrigatória (muitas vezes aplaudidas como necessidade moderna) devido à escalada da violência, produto de uma sociedade cada vez mais desigual, com alto nível de concentração de riqueza, apesar das políticas que pretendem diminuir o número de famintos. Tal comportamento atualiza a afirmação de Reclus segundo a qual "um fato domina toda a civilização moderna", que é o fato de que "a propriedade de um único indivíduo pode aumentar indefinidamente e até mesmo em virtude do consentimento quase universal, abarcar o mundo inteiro".[20] Mas agora a pobreza assume outros conteúdos para além dos tradicionais e se refere também à ausência ou ao impedimento de realização de uma vida plena nos espaços-tempos da vida cotidiana.

No mundo moderno, essa prática sócio-espacial realiza-se pela contradição entre as necessidades econômicas e políticas (que tendem à produção de alianças, ou, como se vê, à colagem entre elas) e as necessidades impostas para a reprodução do espaço da vida social. No primeiro caso, a reprodução do espaço realiza-se pela imposição de uma racionalidade técnica assentada nas necessidades impostas pelo desenvolvimento da acumulação que produz o espaço, enquanto condição/produto da produção da reprodução do capital manifestando as contradições que o capitalismo suscita em seu desenvolvimento impondo limites e barreiras a sua reprodução. Nesse processo, o sentido e o papel do espaço na reprodução do capital trouxeram profundas mudanças no movimento de passagem da hegemonia do capital industrial ao capital financeiro, de modo que o espaço torna-se *produtivo*. Nessa direção, indica o movimento que vai do espaço enquanto condição e meio do processo de reprodução econômica ao momento em que, aliado a esse processo, o espaço, ele próprio, é o elemento da reprodução. O processo de reprodução do capital a partir dos anos 80 realiza-se produzindo um *novo espaço*, o que significa dizer que o capital só pode se realizar através de uma nova estratégia que faz do espaço um elemento produtivo.

Em cada um dos níveis apontados, o processo de reprodução do espaço demonstra mudanças impostas pelas contradições que se desenvolvem como resultados do desenvolvimento do processo capitalista, expondo os limites que instaram suas crises, bem como a exigência de sua superação. No estado crítico atual, a acumulação traz alterações significativas visando a sua continuação, e de modo a superar a crise induzida pelo desenvolvimento contraditório do capital, que, ao se desenvolver estendendo-se no espaço, se depara com os limites e as crises produzidos pelo seu próprio crescimento.

No mundo moderno, a imbricação desses níveis aponta também que as novas estratégias da acumulação trazem profundas transformações à produção do espaço, que tem seu sentido/papel alterado no movimento da reprodução. Da mesma forma, observa-se uma nova relação Estado/espaço e um novo discurso que acompanha a necessidade de estabelecimento da democracia, criando o cenário para a realização do ajuste. Nesse momento, as políticas públicas se voltam para criar o ambiente necessário à superação de um estado crítico em função das mudanças substantivas no seio da divisão social e espacial do trabalho, sob nova racionalidade e numa gestão com forte tendência à homogeneização do espaço, através do controle e da vigilância. Por fim, no plano social, a instauração do cotidiano como lugar da reprodução – como imposição de uma identidade abstrata, e, consequentemente, como lugar onde se expressam novas formas de luta – aponta a passagem da importância do espaço da fábrica para o da cidade, momento em que as lutas se desenvolvem no "espaço público". Tudo isso mostra também uma mudança significativa no "pacote de reivindicações" que fazem eclodir e que sustentam e por meio da qual se adquire consciência da produção do espaço.

A relação entre esses níveis sintetiza a prática sócio-espacial que expõe o movimento da produção/reprodução de toda a sociedade, num movimento contraditório em que nenhum nível ou escala da produção espacial é excluído, posto que se realizando como justaposição entre esses níveis e no interior de cada um, constituindo-se como totalidade contraditória. Nessa perspectiva, desvenda-se o espaço em sua dupla determinação: enquanto *localização* de todas as atividades da sociedade em seu conjunto, e enquanto *processo* e *movimento* definido e determinado pelo conjunto das relações sociais em seus momentos constitutivos específicos. Nessa direção, o espaço é o lugar da reprodução social de forma indissociável, mas também o produto, meio e condição dessa reprodução. O entendimento da produção do espaço se evidencia, portanto, na necessidade do desvendamento do modo como se realiza, concretamente, o processo de reprodução da sociedade em sua totalidade, no qual o mundial aparece como tendência inexorável. E se realiza hoje enquanto processo de reprodução da sociedade a partir da reprodução do espaço, onde uma nova relação espaço-tempo[21] ganha sentido.

As escalas

De modo articulado, três escalas se superpõem a esses níveis. A primeira delas é o *espaço mundial*, que aponta a direção da virtualidade do processo contínuo de reprodução e que aparece como tendência inexorável no horizonte das exigências da acumulação, ou seja, como projeto de construção de um espaço mundial. Como interação, o espaço mundial invade e se realiza na prática real ao se realizar no plano do local, uma vez que a globalização, como aponta Milton Santos, é uma metáfora que ganha existência no plano do lugar.[22] Por sua vez o sentido do mundial parece ser aquele das redes de fluxos, das inter-relações pelos satélites, o que dá um novo sentido para o espaço. Nesse caminho, a reflexão sobre a mundialidade aponta para a espacialidade, momento da história em que o espaço prevalece sobre o tempo, contendo em si a finalidade geral ou orientação comum a toda atividade, desde os trabalhos divididos até a cotidianidade, como aponta Lefebvre, isto é, quando o espaço inteiro se torna o lugar da reprodução da vida material e humana.

O debate sobre a globalização tende a considerar o espaço e a sociedade inteira a partir da racionalidade da empresa e do desenvolvimento técnico. Nessa perspectiva, analisa-se a rede como trama vinculada à funcionalização dos espaços, enquanto explicitação da divisão internacional do trabalho, assentada em novas estratégias do capital que ultrapassam o plano nacional. É nesse momento que novas contradições se manifestam pela invenção de novos valores, que reorganizam novos espaços a partir da reorganização da sociedade inteira, em função dos centros de decisão. Portanto, convém refletir aqui sobre o que se mundializa no estabelecimento das redes e fluxos que ligam todo o espaço. Em primeiro lugar, e apoiada na técnica, nos deparamos com a extensão do mercado em função das transformações da divisão espacial técnica do trabalho e da informação, e, com isso, todos os tipos de troca se amplificam. Como decorrência, o espaço se hierarquiza e novos lugares ganham novos conteúdos no quadro descontínuo de relações balizadas pelo desenvolvimento técnico. A rede muda de sentido e transforma centralidades; um novo desenho se cria, fruto de novas relações, agora determinadas pelas formas neoliberais. O que aparece como o principal da vida moderna é o fluxo, e isso implica outra ótica para analisar o espaço em sua articulação que transforma radicalmente a antiga ideia de rede. A rede diz respeito a uma realidade espacial mais ampla em relação aos pontos do espaço. Novos espaços participam do processo, ao passo que outros se desarticulam em função da mudança do processo de produção. É caso da introdução no circuito da mercadoria de novas áreas de lazer, turismo etc., e também da saída/reestruturação de áreas de antiga industrialização como as áreas de siderurgia. Trata-se da reprodução do espaço num outro patamar.

"O lugar, por sua vez, oferece ao movimento do mundo, a possibilidade de sua realização concreta", como afirma Milton Santos.[23] O lugar, enquanto categoria de análise – como ponto de partida para a sociedade em processo, realizando-se sobre uma base material – manifesta uma realidade concreta ao mesmo tempo em que ultrapassa a ideia de existência particular, para se tornar espaço. Assim, o mundo depende das virtualidades do lugar, onde está posto concretamente o movimento que vai da produção da mercadoria à produção do espaço como mercadoria.

Nessa escala, o processo de produção do espaço hoje demonstra a homogeneidade dada pela condição de intercambialidade que os fragmentos do espaço assumem, por meio da existência da propriedade privada do solo, além do plano arquitetônico que se mimetiza ao infinito. A homogeneidade e a fragmentação são dois termos que demonstram a contradição que funda a segregação, produto dos interditos, da diferenciação da acessibilidade dos membros da sociedade à produção social do espaço, pela propriedade privada da riqueza.

No plano do lugar, a extensão do espaço revela novas formas, funções e estruturas sem que as antigas tenham, necessariamente, desaparecido. Esse fato aponta uma contradição importante entre as persistências – o que resiste e se reafirma continuamente enquanto referencial da vida – e o que aparece como "novo", pela adoção do processo de modernização. Mas se o processo de homogeneização vincula-se à construção do espaço enquanto mercadoria, a fragmentação se liga à existência no espaço da propriedade privada. Desse modo, o acesso ao espaço na cidade está preso e submetido ao mercado, no qual a propriedade privada do solo urbano aparece como condição do desenvolvimento do capitalismo. A existência da propriedade privada significa a divisão e parcelarização da cidade, fato que se percebe de forma clara e inequívoca no plano da vida cotidiana e coloca o habitante diante da existência real da propriedade privada do solo urbano. Assim o processo de fragmentação da cidade caminha junto com o processo de mundialização, de forma contraditória, evidenciando a hierarquização dos lugares e pessoas como formas da segregação espacial.

No plano do lugar vive-se a contradição principal (reveladora de outras) que funda o processo de produção do espaço: o processo de produção social do espaço em conflito com sua apropriação privada, posto que, numa sociedade fundada sobre a troca, a apropriação do espaço, ele próprio produzido enquanto mercadoria (portanto ligado à forma mercadoria), se reproduz sob a lei do reprodutível. Coordenado por estratégias específicas em cada momento da história do capitalismo (que se estende cada vez mais ao espaço global e que cria novos setores de atividade como extensão das atividades produtivas), o espaço, produzido continuamente enquanto mercadoria, entra no circuito da troca atraindo capitais que migram de outros setores da economia em busca de valorização. Esse movimento explica a emergência de novas formas de dominação do espaço, ordenando e direcionando a ocupação, fragmentando e tornando os espaços negociáveis a partir de operações que se realizam no mercado. Nesse momento, o consumo do espaço torna-se ato produtivo, com a escalada pela valorização do espaço a partir da produção de lugares destinados ao turismo e ao lazer. Desse modo, a produção do espaço determina o acesso diferenciado da sociedade, gerando os conflitos em torno dos lugares ocupados/vividos (tanto no campo quanto na cidade). No cerne desse conflito encontramos a diferenciação espacial como desigualdade sócio-espacial.

Vive-se também a contradição entre o processo de produção social do espaço e sua apropriação privada que marca e delimita a vida cotidiana onde se defrontam as estratégias da reprodução das frações de capital e da realização da vida social significativamente. No processo há degradação de formas e relações sociais antigas frente ao estabelecimento de novas relações sociais.

Ganha sentido, no plano da análise, uma nova categoria de análise: o cotidiano, permitindo entender o processo social mais amplo acentuando a esfera da vida determinada pelo processo de reprodução das relações sociais capitalistas de modo mais amplo. A vida cotidiana, nessa perspectiva, se definiria como uma totalidade apreendida nos momentos da realização do trabalho, da vida privada, do lazer, dos deslocamentos – todos a partir de espaços-tempos diferenciados e lugares onde a reprodução se realizaria. No plano da prática social, deparamo-nos com a instauração do *cotidiano*, enquanto construção da sociedade que se organiza segundo uma ordem fortemente burocratizada, preenchido por repressões e coações que tornam a vida a um só tempo atomizada e superorganizada, posto que campo da autorregulação voluntária e planificada.

À questão de onde se formulam os problemas da produção da existência humana, isto é, a existência social dos seres humanos, Lefebvre responde que é no cotidiano, mas é no urbano que o cotidiano se instala e se completa. No processo detecta-se a produção de um novo espaço, no momento em que o modo de produção capitalista se expandiu, tomando o mundo. Esse é, para o autor, o momento da redefinição da cidade, de sua explosão, da extensão das periferias, da construção de um novo espaço. Nessa direção, a problemática urbana aparece como mundial e a sociedade só pode se definir como planetária. Por outro lado, no mundo moderno, há para Lefebvre o conflito entre as forças homogeneizantes e as forças diferenciadoras, e o desafio da compreensão de nossa época é, exatamente, a coabitação de novas relações com a permanência de antigas. Isto é, a sociedade se modernizando e se unificando e ao mesmo tempo se diferenciando, aponta o fim de uma certa história e início de uma historicidade consciente dirigida. A análise do cotidiano permite pensá-lo como extensão do mundo da mercadoria que tomou o espaço, produzindo-o como mercadoria, e invadiu os interstícios da vida cotidiana. A reprodução tem o sentido da constante produção das relações sociais, estabelecidas a partir de práticas espaciais no movimento que se constitui enquanto acumulação, preservação, renovação.

A predominância do valor de troca no espaço, como extensão do mundo da mercadoria, aponta para o conflito entre uso e troca e diz respeito a uma prática sócio-espacial real e concreta, em que o uso corresponde a uma necessidade humana, portanto, é em torno dele que surgem os conflitos deslocando o

DA *ORGANIZAÇÃO À PRODUÇÃO DO ESPAÇO*

sentido da luta social. Assim, o cotidiano é o lugar da ação e do conflito, da consciência e da elaboração do projeto, bem como da reivindicação do *direito ao uso*. Nessa medida, o conceito de desenvolvimento espacial desigual ganha potência indiscutível.

Por fim, no *plano intermediário* – de mediação entre o local e o mundo – encontramos a *metrópole*. Dominada pela lógica da acumulação, ela aponta a condição de integração ao processo global, isto é, à economia global como espaço onde se coloca praticamente a contradição entre espaços integrados e desintegrados ao capital mundial (entre centro e periferia, visto que a metrópole exerce o poder de centralidade espacial). Ela concentra capital e poder, e, portanto, as decisões que permitem orientar a reprodução, sintetizando o processo de acumulação sob novas estratégias. Assim, de um lado estão os centros de poder e de realização da acumulação, e de outro, contraditoriamente, as periferias segmentadas e *caóticas* (como expressão da lógica capitalista), nas quais o narcotráfico, como novo e poderoso setor da econômica, redefine as estratégias da vida. Dessa forma, na metrópole o fenômeno urbano, enquanto prática sócio-espacial, se realiza como segregação, o que revela a imposição do uso produtivo do espaço ao uso improdutivo, delimitando os contornos da cidadania.

Há no processo, portanto, continuidades e descontinuidades que o papel hegemônico da metrópole na reprodução espacial aponta. No centro da rede, a metrópole como centro de decisão é o lugar precípuo da acumulação. A centralidade enquanto processo guarda a ideia da articulação e do movimento, portanto, implica a ideia de rede que tem sido vista como uma trama vinculada à funcionalização dos espaços, e não como decorrência da divisão espacial do trabalho sob a égide do desenvolvimento desigual, num quadro descontínuo de relações baseadas no desenvolvimento técnico. Se pensarmos os níveis espaciais diferenciados – a superação do pensamento corológico – nos deparamos com a relação entre eles como inexorável, posto que a vida não se realizaria numa única escala, sendo ela fluída e implodindo junto com e explosão da cidade, que é um momento em que as *fronteiras urbanas* criam sempre novos limites.

O atual processo de reprodução do espaço da metrópole, no contexto mais amplo do processo de urbanização a) marca a desconcentração do setor produtivo, e a acentuação da centralização do capital na metrópole, assim como cria outro conteúdo para o setor de serviços (basicamente o que se desenvolve é o financeiro e de serviços sofisticados e, com eles, uma série de outras atividades de apoio como as de informática, serviços de telecomunicações etc.; b) sinaliza também um novo momento do processo produtivo em que novos ramos da economia ganham importância. Trata-se, particularmente, do que se chama de *nova economia* contemplando o setor do turismo e lazer, bem como a redefinição de outros setores, como é o caso do comércio e serviços para atender o crescimento dessas atividades. Assim, também, c) o movimento de transformação do dinheiro em capital percorre agora, preferencialmente, outros caminhos. A criação dos fundos de investimento imobiliários, por exemplo, atesta que o ciclo de realização do capital se desloca para novos setores da economia reproduzindo os lugares como condição de sua realização; d) revela uma nova relação Estado/espaço – que aparece, por exemplo, através das políticas públicas que orientam os investimentos em determinados setores e em determinadas áreas da metrópole com a produção de infraestruturas e "re-parcelamento" do solo urbano, por meio da realização de operações urbanas e da chamada requalificação de áreas – principalmente centrais – através da realização de "parcerias" entre a prefeitura e os setores privados, que acabam influenciando e orientando essas políticas. Ocorrem, ainda, e) a centralização do capital financeiro em relação ao resto do território brasileiro; f) a redefinição da centralidade da metrópole no território nacional; e g) o aprofundamento da desigualdade sócio-espacial, o que ocorre porque, no plano da metrópole, a transformação do espaço em mercadoria, condição da extensão do mundo da mercadoria entra em conflito com as necessidades de realização da vida urbana. Nesse processo de metamorfose realiza-se a passagem da hegemonia do capital industrial ao capital financeiro na orientação da reprodução capitalista.

Esse processo produz profundas mudanças, criando uma nova identidade, que escapa ao nacional, apontando para o mundial como horizonte e tendência, pois o processo não diz mais respeito a um lugar ou a uma nação somente, mas estes tendem a explodir em realidades supranacionais, apoiadas nos grandes desenvolvimentos científicos, basicamente o desenvolvimento e transmissão da informação, e no esmagador crescimento da mídia, com seu papel, na imposição da sociedade de consumo. A reprodução capitalista permite também pensar na construção de uma nova relação espaço-temporal que se realiza com a hegemonia de novos setores econômicos de realização do capital. Declarando a passagem da hegemonia do capital industrial para o capital financeiro vão produzir um novo espaço a partir de três elementos fundamentais. O primeiro é a produção dos espaços de lazer e daquele destinados ao turismo, que aponta a passagem da produção ao consumo do espaço, vendido a partir de seus "atributos particulares", assim como do chamado "turismo de negócios". Nesse sentido, o turismo e o lazer figuram neste momento histórico como momento de realização da reprodução do capital, enquanto momento da reprodução do espaço, suscitados pela extensão do capitalismo. É assim que enquanto novas atividades econômicas, o turismo e o lazer produzem o espaço enquanto mercadoria de consumo "em si", utilizando-se de suas características particulares. E, nesse aspecto, o turismo aparece no mundo moderno como uma nova possibilidade de realizar a acumulação, que em sua fase atual liga-se cada vez mais à produção do espaço. Produção esta que se coloca numa nova perspectiva, na qual o espaço ganha valor de troca enquanto possibilidade de realização do valor de uso, o que significa que a apropriação do espaço e os modos de uso tendem a se subordinar, cada vez mais, ao mercado. Assim o espaço se reproduz, no mundo moderno, alavancado pela tendência que o transforma em mercadoria – o que limitaria seu uso às formas de apropriação privada.[24] O segundo elemento é o desenvolvimento do narcotráfico como nova atividade econômica, que, pela sua ilegalidade, pressupõe como estratégia diferenciada a dominação de um espaço, produzindo uma forma específica de segregação espacial. Já o terceiro elemento consiste na realização do capital financeiro, produzindo a cidade enquanto negócio e revelando o modo como o capitalismo se realiza em seu estágio atual, em que a reprodução do capital se realiza através do espaço, que também é mercadoria como extensão do mundo da mercadoria.

Mas a metrópole é também o lugar de expressão dos conflitos, afrontamentos, confrontações; lugar do desejo ou onde os desejos se manifestam, circunscrevendo as ações e atos do sujeito em direção ao estabelecimento de um projeto de sociedade. Ela também reúne a contestação que ocorre em outros espaços-tempos da vida nacional. O lugar dos movimentos sociais na cena brasileira, em seus diferentes conteúdos, expressa as contradições do espaço e revelam o aprendizado que vem da prática, fazendo com que a consciência crítica se produza dando potência sob a forma de contestação. Em sua missão e negatividade, os movimentos denotam, em maior ou menor grau, o momento crítico, a existência da propriedade da terra/solo urbana, fundamento da segregação que é expressão da extensão da propriedade que atravessa a história da civilização até atingir sua potência abstrata[25] nos dias atuais.

Os níveis e escalas, sinteticamente, correspondem aos da prática sócio-espacial real (objetiva e subjetivamente), que ganha sentido como produtora dos lugares encerrando em sua natureza um conteúdo social dado pelas relações que se realizam num espaço-tempo determinado enquanto processo de produção, apropriação, reprodução da vida, da realidade, do espaço em seus descompassos, portanto, fundamentalmente, em suas contradições. Na compreensão da justaposição destes três níveis e escalas espaciais elabora-se a tese da *reprodução da sociedade, como reprodução espacial.*

O plano prático-teórico, ao escancarar os conflitos, elucida a dialética do mundo, mas também a importância de seu entendimento para embasar a ação, convocando o método dialético, que, tanto "para Marx, como para Hegel permitiria apreender um movimento em sua totalidade sem estilhaçá-la, para apreender um momento".[26] Essa situação denota a necessidade da crítica de produzir o conhecimento e do discurso político que, para manter a ordem do mundo sob a racionalidade do mercado, precisa produzir o conhecimento aplicado e o discurso técnico, fazendo com que a "tecnicidade sirva de álibi para a tecnocracia".[27] Hoje, como escreve Bensaid, "nossa tarefa é provar que pode haver humanidade e um mundo habitável para além do capital".[28]

Notas

[1] O. Dollfus, *O espaço geográfico*, São Paulo, Difel, 1972, p. 108.

[2] P. George, *A ação do homem*, São Paulo, Difel, 1970, p. 23.

[3] Dollfus, op. cit., p. 115.

[4] Idem, p. 119.

[5] H. Lefebvre, *Metafilosofia*, Rio de Janeiro, Civilização Brasileira, 1967, capítulo 2.

[6] Idem, pp. 170-2.

[7] H. Lefebvre, *La production de l'espace*, Paris, Éditions Anthropos, 1981, prefácio, p. VII.

[8] Sobre o desenvolvimento dessa ideia ver: Ana Fani Carlos, *Espaço-tempo na metrópole*: a fragmentação da vida cotidiana, São Paulo, Contexto, 2001, (2ª edição no prelo), em especial o capítulo "São Paulo: 'o espaço como nova raridade'".

[9] Sobre o desenvolvimento dessa ideia ver: "O consumo do espaço", em A. F. A. Carlos, *Novos caminhos da Geografia*, São Paulo, Contexto, 1999, pp. 173-86.

[10] Sobre o desenvolvimento dessa ideia ver: A. F. A. Carlos, "A reprodução da cidade como 'negócio'", em A. F. A. Carlos; C. Carreras, *Urbanização e Mundialização*: estudos sobre a metrópole, São Paulo, Contexto, 2005, pp. 29-37.

[11] Uma parte significativa do raciocínio aqui desenvolvido compõe o capítulo "Da organização à produção do espaço no movimento do pensamento geográfico", em A. F. A. Carlos et al. *A produção do espaço urbano*: agentes e processo, escalas e desafios. São Paulo, Contexto, 2011, pp. 53-74.

[12] K. Marx, *El capital*, México, Siglo Veinteuno, 1984, t. 1, v. 1, p. 43.

[13] Idem, t. 3, v. 7, p. 740.

[14] As mudanças no processo produtivo redimensionam o tamanho e a localização das fábricas, separam espacialmente o processo produtivo do escritório central e transformam a divisão do trabalho na fábrica, gerando uma nova divisão deste por meio do processo de desintegração horizontal.

[15] Essa ideia está desenvolvida na "Introdução" do livro *Espaço-tempo na metrópole*: a fragmentação da vida cotidiana.

[16] Cf. já devidamente desenvolvido na "Introdução" e no capítulo "*Thaumazein*".

[17] Cf. se encontra no capítulo "Possibilidades e limites do uso", do já citado *Espaço-tempo na metrópole*: a fragmentação da vida cotidiana.

[18] Tal como apontada por H. Lefebvre em *De l'État*, Paris, Union Générale d'Éditions, 1978, v. 4.

[19] Idem, p. 211.

[20] E. Reclus (org. Manuel Correia de Andrade), *Geografia*, São Paulo, Ática, 1985, p. 75.

[21] Idem, ibid.

[22] M. Santos, *A natureza do espaço*, São Paulo, Hucitec, 1996, p. 271.

[23] Idem, ibid.

[24] Na produção do espaço turístico, essa dinâmica também revela em primeiro lugar, que o homem perde sua condição de sujeito produtor para se reduzir a "consumidor do espaço"; com isso, aponta a passagem histórica (no processo de reprodução espacial) que transforma o "usador" em "usuário". Em segundo lugar, revela também o momento em que *os espaços passam a ser consumidos em si*, a partir de suas particularidades físicas, históricas ou criadas para este fim. Aponta, finalmente, para as mudanças na relação espaço-tempo. Também aponta para uma nova relação tempo de trabalho-tempo de não trabalho.

[25] K. Marx, *Manuscritos econômicos-filosóficos de 1844*, Bogotá, Editorial Pluma, 1980, p. 100.

[26] H. Lefebvre, *La fin de l'histoire*, Paris, Ed. Anthropos/Econômica, 2001, p. 162.

[27] H. Lefebvre, *A vida cotidiana no mundo moderno*, São Paulo, Ática, 1991, p. 80.

[28] D. Bensaid, *Cambiar el mundo*, Madrid, La Catarata, 2004, p. 12.

O ESPAÇO COMO CONDIÇÃO DA REPRODUÇÃO

> "*A singularidade espacial não pode ser reduzida à mera imobilidade.*"
> D. Harvey

De volta à renda da terra

Retomemos um ponto ainda não suficientemente esclarecido. Muito se escreveu sobre o modo como o espaço urbano seria capaz de gerar uma renda da terra. Do ponto de vista aqui desenvolvido, nossa hipótese é de que o processo de produção, sob o capitalismo, transforma o espaço numa mercadoria (com conteúdos sensivelmente diversos daquele da terra no campo), auferindo-lhe valor. Desse modo, se é possível que o dono da terra extraia renda pela concessão de sua propriedade para exploração pelo arrendatário no campo, por sua vez, o solo urbano, sob a determinação da produção, permite a realização do valor, quando disposto por seu proprietário no mercado imobiliário para compra ou aluguel.

Vejamos alguns argumentos apontados até aqui para compor esse raciocínio: a) em primeiro lugar, podemos apontar que a cidade, como forma do espaço, é uma produção social e histórica. Ela traz por conteúdo relações sociais fundadas no processo de trabalho (em sua totalidade), que é fonte de valor, numa produção que se realiza a partir da metamorfose da natureza. Assim, o espaço, tal qual exposto nesta pequena obra, apresenta-se como uma das produções humanas, e em constituição permanente na medida em que, singular, o produto (de um determinando momento) é sempre a condição de uma nova produção, não se separando, portanto, processo de produção e de reprodução. Em movimento constante de reprodução, o espaço ganha sempre novos sentidos pela acumulação de trabalho; b) como produto singular seu consumo não se limita a uma necessidade vital, isto é, apenas de manutenção da vida do homem, mas diz respeito a uma condição humana, na constituição do ser genérico. Nessa condição, a produção do espaço é ao mesmo tempo e, contraditoriamente, obra e produto; c) ao longo do processo histórico a cidade é apropriada de diversas formas segundo exigências da realização da reprodução social, em sua totalidade; d) no capitalismo, como todo produto da ação humana decorrente do processo de trabalho, o espaço urbano torna-se mercadoria, e nessa condição traz por exigência condições específicas que determinam seu uso e suas formas de acesso; e) o uso de determinada parcela do espaço da cidade requer acesso à propriedade (que ganha sentido jurídico), ou seja, requer normas definidas pelo contrato; f) a intercambialidade do espaço se generaliza na forma de mercadoria dos pedaços da cidade, tornando-o, nessa condição, potencialmente, homogêneo; g) o acesso a um de seus fragmentos dá trânsito a uma totalidade mais vasta e encerra em si necessidades e desejos; h) seu uso diferenciado é marcado por relações de poder e propriedade, o que permite atualizar o modo como a alienação é vivida na sociedade atual; e, por fim, i) o acesso diferenciado toma a forma da segregação como produto da justaposição entre morfologia social (condição de classe) e morfologia espacial (lugar que o sujeito ocupa na cidade em função da relação renda/preço do m² do solo urbano), expressão da realização de uma sociedade de classes fundada na concentração do poder e da riqueza.

Assim, do ponto de vista da análise, a produção/reprodução do espaço faz dele uma obra civilizatória, a qual, sob o capitalismo, toma também a forma de mercadoria. Obra e produto tornam-se, portanto, indissociáveis do movimento da reprodução do espaço. Portanto, ele não se apresenta apenas na forma mercadoria, apesar de nela encontrar uma determinação específica desse momento histórico. Constituída ao longo do processo histórico, a cidade resume a atividade do trabalho (da sociedade) em sua totalidade histórica, mas traz, em si, a negação do pressuposto a partir do qual Marx constrói a teoria da renda, posto que o solo urbano (como fragmento que permite o acesso à cidade), diferentemente da terra no campo, tem por conteúdo a atividade do trabalho e é produto dela. Trabalho social acumulado e em constituição – real e virtual – ao longo de gerações, e assumindo, sob o capitalismo, a forma mercadoria, a cidade é nessa condição fonte de valor (de uso e de troca).

Retomando, assim, uma das hipóteses que sustentam nosso raciocínio e determinam o caminho da compreensão do espaço, o processo civilizatório – trazendo em si a unidade e complexidade da vida social – realiza-se a partir da transformação profunda da natureza, em segunda natureza. Esse processo produz uma cultura (o que se refere a uma prática), um modo de relação dos indivíduos com os instrumentos determinados pelo desenvolvimento técnico e pelo conhecimento como potência de transformar a natureza, dominar as forças naturais, tornar o planeta um mundo constituído por ações dirigidas, estratégias, lógicas, apesar de abrir-se, também, para os acasos. Essa ação cria uma determinação específica definida na escala da produção da sociedade e do mundo social, como seu produto.

Marx e *O capital*

O que Marx demonstra na sessão sobre a renda da terra na obra *O capital*[1] é que a existência do monopólio da terra, a propriedade pura e simples de uma porção do planeta, subsume as atividades dos arrendatários a sua existência – da propriedade e de uma classe detentora dessa propriedade. Daqui se impõe uma legislação que garante a transferência para os donos da terra tanto do capital investido na terra pelo arrendatário, como parte do salário paga aos trabalhadores agrícolas. Assim,

> sob a máscara da renda da terra do solo aflui para o dono da terra o capital fixado nela pelo arrendatário. Mas fundamentalmente para o desenvolvimento de nosso raciocínio esclarece que o preço das coisas que não têm valor intrínseco, quer dizer, que não são produtos do trabalho, como a terra, ou que ao menos não podem ser reproduzidos, como as obras de arte de determinado mestre, podem ser determinados por combinações fortuitas. Para vender uma coisa que faz falta é que a mesma seja monopolizável e alienável.[2]

Portanto, o monopólio se encontra no centro explicativo da "renda da terra" – a renda absoluta, que é condição de existência da renda diferencial.

Independente das diversas formas da renda da terra, correspondentes às diversas fases do desenvolvimento da produção social, todos os seus tipos têm em comum o fato de que a apropriação da renda é a forma econômica na qual se realiza a propriedade da terra. Por conseguinte, a renda é a forma econômica – na qual se realiza a propriedade da terra, quer dizer, a propriedade de determinados indivíduos sobre determinadas porções do planeta como realização econômica da propriedade da terra –, e a ficção jurídica em virtude da qual diversos indivíduos possuem com exclusividade determinadas partes do planeta. Desse modo, toda renda da terra é mais-valia, produto do sobre-trabalho.[3]

Vejamos, mais detalhadamente, alguns desenvolvimentos do raciocínio sobre a renda da terra na obra de Marx. Em primeiro lugar, o autor, considera a produção agrícola separada da condição de propriedade da terra. A exigência de um lugar para essa realização coloca em relação proprietário da terra/arrendatário. Essa separação propriedade-trabalho e a exigência de localização do trabalho numa porção real do espaço situa o proprietário numa condição de "parasita", posto que participaria da divisão dos lucros gerados em seus domínios sem ter participado da produção, o que é possível, apenas pela sua condição de dono de uma "parcela do planeta". Portanto, de um lado a condição de monopólio da terra concederia ao proprietário o direito de exigir um pagamento por seu uso; de outro lado, o acesso à terra é condição para a produção das mercadorias, confrontando o arrendatário com a existência da propriedade privada da terra. Aqui se desenvolve a contradição capital-trabalho através da existência da propriedade privada da terra. Assim, também, a relação proprietário da terra/arrendatário teria por mediação um contrato, que é assegurado por normas que mantém e organizam a sociedade de modo a aceitar a propriedade como natural. A renda da terra – o pagamento pelo uso de uma porção do planeta que é monopólio de outrem – ganha sentido e condição numa totalidade social em processo, ponto central da argumentação de Marx sobre sua existência (a produção geral da sociedade em seus momentos e determinações). Finalmente, o montante em dinheiro que paga a renda da terra é proveniente do processo de realização do ciclo do capital geral da sociedade. Processo que contempla as sucessivas metamorfoses formais do capital (como momentos de produção, distribuição, circulação e troca da mercadoria), pela mediação do contrato de trabalho e pela existência da propriedade da terra e, incluindo, para sua realização, a ação reguladora e orientadora do Estado. Assim, a criação e a realização da renda da terra, como condição da existência do monopólio de uma parcela do planeta, exige a realização da totalidade do ciclo do capital, que se expressa enquanto relação social. O que Marx mostra é a exigência da realização do ciclo para a realização da renda, que se dá por meio do pagamento pelo uso da terra visando à realização de um ciclo individual ligado, por sua vez, ao conjunto do ciclo geral da sociedade (fonte do movimento de criação da mais-valia).

Portanto, o que está posto é o fato de que a terra, sobre a qual ou a partir da qual se efetua a produção de um produto agrícola não é, em si, um produto do processo de produção, mas sua condição imediata e necessária. Do ponto de vista material, a terra não se metamorfoseia em outra coisa, mas é, e continua sendo no processo, uma condição para a produção – situação esta que tem por pressuposto uma natureza que foi "brindada ao homem", uma condição inicial, independente dele e de sua ação. Todavia, é preciso considerar que a inversão do capital na agricultura a transforma e a submete à sua lógica. Nesse processo, a terra destinada a essa produção ganha um novo sentido, participando do processo produtivo na condição de capital fixo, embora não tenha sido efetivamente produzida como produto de outro ciclo de capital (individual), como ocorre no caso da produção industrial.

O pagamento de uma renda ao proprietário da terra refere-se ao "uso da terra enquanto tal".[4] Entretanto, Marx se depara com as melhorias incorporadas à terra pelo arrendatário como condição necessária e "instrumento de reprodução", uma situação que revelaria o acrescentamento de um capital à terra tratada como capital fixo (no caso da construção dos edifícios, por exemplo). Porém, esse capital fixado, "alheio, incorporado à terra cai nas mãos dos proprietários da terra e o juro pelo dito capital engrossa a renda",[5] pela sua própria condição inicial de proprietário. É nessa medida que "todo ingresso de dinheiro é considerado juro de um capital imaginário como renda capitalizada, desse modo forma o preço de compra ou valor do solo como irracionalidade já que a terra não é produto do trabalho".[6]

Sintetizando os pressupostos, percebemos que a propriedade da terra é tratada, por Marx, como categoria histórica e sua existência é o pressuposto da existência da renda da terra que é a "forma econômica específica autônoma da propriedade da terra sobre a base do modo de produção capitalista".[7] Não se trata de uma forma específica de propriedade histórica – já que esta assume formas históricas diferenciadas –, mas de um momento determinado da história (uma forma especificamente histórica), transformada pela influência do capital e do modo de produção capitalista e numa função determinada. Isto é, o modo de produção capitalista redefine a forma da propriedade e sua função na realização da acumulação do capital enquanto processo de valorização visando o lucro. Este, ao desenvolver-se subsume os setores da economia e da sociedade à sua lógica, dominando "todas as esferas da produção e da sociedade burguesa, quer dizer que também as condições, como livre concorrência dos capitais, transferibilidade dos mesmos de uma esfera de produção a outra, igual nível de lucro médio, etc.".[8] A propriedade da terra no capitalismo e na medida em que "parte da mais-valia gerada pelo capital cai em poder do dono da terra supõe que a agricultura, exatamente como a manufatura, esteja dominada pelo modo de produção capitalista".[9] O fundamento do raciocínio, portanto, é entender a propriedade como pressuposto da renda e o processo de produção do capital – o ciclo do capital – como condição de existência da renda da terra. Desse modo, todo o raciocínio se desenvolve pressupondo a totalidade do modo de produção e a da sociedade burguesa.

Nesse contexto, a renda, para Marx, é a forma histórica metamorfoseada pelo capital e aparece como "expressão econômica específica da propriedade da terra. Ela existe em forma pura mesmo que sem agregar algum juro pelo capital incorporado ao solo",[10] de modo que a renda da terra "se apresenta em uma soma de dinheiro determinada que o dono da terra obtém anualmente a partir do arrendamento de uma porção do planeta".[11] O arrendatário-capitalista paga ao dono da terra que explora, num período determinado, uma soma de dinheiro (fixada em contrato) em troca da permissão de empregar seu capital neste campo de produção, em particular. Essa soma de dinheiro se chama renda da terra, não importando se o pagamento é por terra cultivável, terreno para construção, mineração, pescaria, bosques etc. e paga-se por todo o tempo durante o qual o dono da terra emprestou por contrato o solo ao arrendatário, isto é, durante o qual o alugou. Portanto, podemos observar, no processo, uma relação entre uso da terra/período de tempo em sua indissociabilidade. Nesse caso, escreve Marx que "a renda da terra é a forma na qual se realiza economicamente a propriedade da terra, a forma na qual se valoriza". E continua o raciocínio observando que "[t]emos aqui as três classes que constituem o marco da sociedade moderna em sua forma conjunta e enfrentada: o assalariado, o capitalista industrial, o dono da terra".[12]

O que Marx denomina de terra-capital é o capital incorporado à terra, que pode ser a melhoria, a incorporação na natureza de canais de irrigação, edifícios administrativos etc., o que entraria na categoria de capital-fixo.

> O juro pelo capital incorporado a terra e por outras melhorias que desse modo recebe como instrumento de produção pode constituir uma parte da renda que o arrendatário paga ao dono da terra, porém não constitui renda da terra propriamente dita que se paga pelo uso da terra enquanto tal, achando-se a terra em seu estado natural ou cultivada.[13]

Essas inversões melhoram o solo, acrescentam seu produto e transformam a terra de mera matéria em terra-capital. Desse modo, um campo cultivado valeria mais do que um campo inculto. Todavia as melhorias incorporadas ao solo caem nas mãos do dono da terra quando encerrado o tempo de arrendamento "enquanto acidentes inseparáveis da substância do solo", o que significa dizer que, na ocasião de um novo arrendamento (no estabelecimento de um novo contrato), o dono acrescentaria, à renda propriamente dita da terra, o juro pelo capital incorporado a ela, e que não custou nada ao proprietário. Esse é, para Marx, um dos segredos – à margem por completo do movimento da renda da terra, propriamente dita – do crescente enriquecimento dos donos da terra, do contínuo incremento de suas rendas e do crescente valor-dinheiro de suas terras com o progresso da evolução econômica. Marx, assim é obrigado a distinguir a renda da terra do juro sobre o capital fixo incorporado à terra, e que "nada tem a ver com a renda da terra que deve pagar-se anualmente, em datas determinadas pela utilização do solo".[14]

Mas o *valor da terra* pelo acréscimo de capital dinheiro, segundo Marx,[15] não aparece com tanta clareza na agricultura quanto na utilização do solo como terreno para construção.[16] O exemplo da propriedade dos edifícios é importante porque, em primeiro lugar, assinala claramente a diferença entre a renda da terra propriamente dita e o juro do capital fixo incorporado ao solo, que pode constituir um agregado da renda da terra. O juro das edificações, assim como o capital incorporado ao solo pelo arrendatário na agricultura, é estranho à renda da terra que deve ser paga anualmente em datas determinadas pela utilização do solo. Em segundo lugar, também é importante porque mostra como, junto com a terra, o capital alheio incorporado a ela cai em mãos do dono da terra e o juro de dito capital engrossa sua renda. Há, portanto, uma diferença substantiva entre renda e juro que podem aparecer sob a mesma quantidade de dinheiro paga ao dono da terra, mas com origens diferenciadas, auferidas pela condição de monopólio da terra. Há, assim, uma contradição entre donos da terra e capitalistas, que se extinguiria quando considerada a renda junto com os juros do capital fixo para o dono da terra.[17] Assim o juro não faz parte da renda, mas do preço do solo como movimento de sua valorização, portanto, só há valorização se houver emprego de capital fixo na terra. Ou, num segundo caso, quando a economia global permite o aumento dos preços dos produtos agrícolas.

Desse modo, estabelece-se um conjunto de elementos e relações pressupostas, que esclarecem a existência da renda da terra na totalidade do modo de produção dominante nas atividades da sociedade, que tem na propriedade uma condição de realização de um setor da produção capitalista global. Aqui, a agricultura capitalista pressupõe a inversão de capital visando à realização do lucro (baseado no tempo social médio), e com isso sua subordinação ao capital.

A propriedade

> pressupõe o monopólio de certas pessoas sobre determinadas porções do planeta, sobre as quais pode dispor de como esfera exclusiva de seu arbítrio privado com exclusão de todos os demais, exigindo que parte da mais-valia gerada pelo capital seja drenada para as mãos do proprietário da terra. Suposto isso, se trata de desenvolver o valor econômico, quer dizer a valorização deste monopólio sobre a base da produção capitalista.[18]

Nada se resolve com o poder jurídico dessas pessoas de fazer uso e abuso das porções do planeta, sob seu monopólio. O uso dessas porções depende por inteiro das condições econômicas independentes da vontade daquelas pessoas. Desse modo, a propriedade da terra adquire sua forma puramente econômica ao despojar-se de todos seus anteriores amálgamas políticos e sociais, todos os ingredientes vindos da história, posto que a renda se apoia num modo de propriedade da terra correspondente ao modo capitalista de produção[19] distingue-se, portanto, dos outros tipos de propriedade pelo fato de que, uma vez alcançado certo nível de desenvolvimento, se mostra supérflua e nociva, inclusive do ponto de vista do modo de produção capitalista.[20]

A produção do espaço urbano como momento do processo de valorização do capital

A produção do espaço situa-se num ponto da história da humanidade quando o trabalho, a sua divisão e a organização do grupo foi suficiente para transformar a natureza em produto humano, desdobrando-se no curso do desenvolvimento social como resultado do trabalho social global. Essa é a tese que sustenta a *produção do espaço*. Localizar a produção da cidade no âmbito do trabalho social global da sociedade, isto é, pensá-la como uma produção social e histórica, situa-a numa condição completamente diferenciada daquela da natureza que está posta como condição de realização do trabalho agrícola, no campo. Na construção da cidade, a natureza adquire a condição de matéria-prima, condição inicial sobre a qual recai o trabalho humano. Consequentemente, deparamo-nos com o uso do espaço sob o capital antes de sua determinação subjugar-se à lei do valor, transformando-se, contraditoriamente, em valor de uso e valor de troca. Portanto, antes de sua constituição como mercadoria, o que torna a cidade (como produção histórica), obra e mercadoria, no mundo moderno.

Criação que potencializa a necessidade social, o uso é o suposto primeiro, embora o capitalismo inverta os termos e torne o uso subsumido à troca e ao valor de troca, na medida em que a cidade assume uma função econômica: a de ser fonte/receptáculo de investimento (capital fixo) e geradora de lucro (força produtiva). Dessa feita, a cidade, produto do desenvolvimento do trabalho social sobre a base de produção de mercadorias (produção capitalista), torna-se, também, produto mercantil em toda sua extensão. Aqui se opõem contraditoriamente a cidade produzida como espaço produtivo – gerador de valor, condição da realização continuada da acumulação – e como espaço improdutivo – possibilidade específica de usos sem quaisquer mediações do mercado, impostas pela existência da apropriação privada de fragmentos da cidade. Portanto, aqui a lei do valor cria/redefine os horizontes reais e concretos da realização da vida e redefine também o acesso ao solo urbano como uma das formas da riqueza, criando as condições segundo as quais sua própria existência ganha forma-conteúdo da mercadoria. A propriedade do solo urbano tem o mesmo do da renda da terra, pois "é a forma econômica na qual se realiza a propriedade de determinados indivíduos sobre determinadas porções do planeta".[21] A diferença reside no fato de que o solo urbano, ao contrário da terra agricultável, é condição e produto social, determinada no âmbito do processo constitutivo da cidade, como momento da produção do espaço.

Desse modo, a cidade, a propriedade refere-se à apropriação de parcela do produto do trabalho e sobre o trabalho produzido. O preço do solo urbano aparece como expressão acabada do processo de trabalho, isto é, como tempo acumulado em sua morfologia. É a forma econômica da propriedade de uma parcela desse espaço social diretamente associada à produção do valor, o que significa que a propriedade do solo urbano como monopólio permite não só a realização do valor de um fragmento, mas também a apropriação do conjunto do trabalho que se sintetiza na produção da cidade (provenientes do capital fixo incorporado ao seu espaço físico, em sua totalidade, como movimento intrínseco a sua produção histórica). A diferença é que esse acúmulo de trabalho contido na produção da cidade não se refere apenas à necessidade de incorporação de capital fixo pelo capital, de modo a permitir sua acumulação ampliada. É também, e, fundamentalmente, uma obra que contempla espaços improdutivos, portanto, não diretamente infraestrutura de capital fixo para viabilizar a reprodução do capital, mas a criação dos espaços que permitem a realização da vida (tal qual exposto nos capítulos anteriores, e que são pressupostos para a análise aqui desenvolvida).

Nesse sentido: a) a posse de determinada porção da cidade é condição não apenas de realização da produção, como consumo produtivo, mas é condição de sua realização ao mesmo tempo que é condição do uso para a vida humana. Decorre daí o fato de a cidade produzir-se como campo de luta de vários interesses, visando não só à realização da acumulação, mas também a reunião/encontro, possibilidade de realização da vida humana; b) a apropriação de um fragmento realiza, necessariamente, a realização da mais-valia global contida na produção da cidade, em sua totalidade; c) redefine-se uma outra classe com outro conjunto de interesses, estabelecendo o dono do solo urbano numa situação diferenciada no processo produtivo; d) a valorização do capital refere-se muito mais ao conjunto dos lugares da cidade, do que à inversão de capital numa determinada parcela da cidade – o terreno em si – além de depender quase exclusivamente da força produtiva social do que das condições naturais; e) a desvalorização, como contrapartida, não se refere, exclusivamente, ao capital que se deteriora pela obsolescência de uma aplicação direta numa parcela do solo urbano, mas pela a de sua localização no conjunto da cidade; f) a existência de um valor não depende de sua exploração direta nem da existência necessária de um intermediário – como o arrendatário que trabalha a terra. O preço de uma fração do solo urbano (como expressão de seu valor) envolve um processo de valorização em si e em esfera mais ampla, no conjunto da produção da cidade, tanto de uma ordem próxima, quanto o produto de um processo que se realiza numa ordem distante. Trata-se, aqui, da articulação de dois planos da totalidade das relações sociais na cidade, constitutiva da vida e da totalidade do processo de produção geral da mercadoria, pela mediação do Estado, conforme desenvolvido no capítulo "Da *organização* à *produção* do espaço".

No momento, os termos de reprodução da sociedade se elucidam na produção de um espaço mundializado como realização do capitalismo, no sentido em que o capitalismo necessita superar os momentos de crise da acumulação, realizando-se em direção a novas produções e revelando um novo papel para o espaço. Nessa direção, indica o movimento de passagem que vai do espaço enquanto condição e meio do processo de reprodução econômica ao momento em que, aliado a esse processo, o espaço, ele próprio, é o elemento central da reprodução do capital.

Esse movimento está impresso na construção da teoria de Harvey sobre o *novo imperialismo*, segundo a qual

> a longa sobrevivência do capitalismo em que pese suas múltiplas crises e reorganizações e as sombrias previsões de sua eminente catástrofe, tanto da esquerda quanto da direita é um mistério que precisa ser esclarecido. Lefebvre, por exemplo, pensou que havia encontrado a chave em sua célebre

O ESPAÇO COMO CONDIÇÃO DA REPRODUÇÃO

> observação de que o capitalismo sobrevive mediante a produção do espaço, porém, por desgraça não explicou exatamente como, nem por que. [...] Venho propondo a teoria de uma solução espacial (com maior precisão espaço-temporal) às contradições internas da acumulação do capital e das crises que a geram. O núcleo dessa argumentação, derivada teoricamente de uma reformulação da teoria marxista da tendência à baixa da taxa de lucro, se refere a uma tendência crônica do capitalismo e das crises de sobre-acumulação [...] A lógica capitalista do imperialismo (a diferença da territorial) deve entender-se, afirmo, no contexto da busca de soluções espaço-temporais ao problema do excesso de capitais.[22]

A proposta de Harvey caminha para a compreensão dos conteúdos do capitalismo ao exigir a construção de uma *Geografia da acumulação*, capaz de desvendar os processos globais da acumulação do capital. Tais processos explicariam as transformações espaciais, dando-lhes novos conteúdos e evidenciando que a crise da superacumulação de capital e força de trabalho seria resolvida pelo capitalismo através do *ajuste espacial* (entendido como expansão geográfica). De fato, não se pode negligenciar a evidência de que a construção da própria cidade como negócio é outra característica importante deste novo momento da acumulação. Nossa hipótese é de que a acumulação, tendo o espaço como elemento determinante, realiza-se também em outras escalas espaciais, fundamentalmente, na escala da cidade e da metrópole, além do plano global apontado por Harvey.

A análise da metrópole paulistana hoje revela que o movimento de passagem da hegemonia do capital industrial ao capital financeiro a reproduz como "negócio", na medida em que a realização da economia ocorre através do espaço. Isso quer dizer que, em São Paulo, a transformação do espaço em mercadoria, como condição da extensão do "mundo da mercadoria", sintetiza um movimento no qual o solo urbano (que num determinado momento foi responsável pela fixidez do capital-dinheiro) se desmobiliza, isto é, ganha mobilidade com a estratégia do capital financeiro aplicado na produção dos edifícios corporativos voltados aos novos setores da economia, que não imobilizam dinheiro na compra de escritórios, mas em seu aluguel. Assim, num momento de crise econômica que exige a flexibilidade em função da crescente competitividade e queda dos lucros, com o deslocamento do capital para setores mais rentáveis da economia (em sua busca incessante de valorização), o capitalismo se dirige ao espaço, reproduzindo-o num outro patamar. Esse é o caminho que possibilita a extensão do valor de troca, pela potencialização da propriedade como direito e realidade, criando a contradição entre extensão do valor de troca no espaço tornado mercadoria (e, ao mesmo tempo, condição da reprodução ampliada) e o valor de uso (condição de realização da vida humana) como prática sócio-espacial na cidade. O modo como a propriedade do solo urbano muda de mãos, expulsando os pobres como decorrência das políticas urbanas aponta, claramente, esse fenômeno.

Desse modo, o capital precisa produzir o espaço do lugar e da metrópole (onde se impõe as estratégias capitalistas, como produtoras do espaço real e concreto das relações sociais, elucidando o papel do espaço como produção social), o que Harvey não contempla em sua teoria. Por outro lado a compreensão da acumulação do capital coloca, como exigência, a compreensão da produção em sua totalidade, o que incorpora o econômico, sem, no entanto, fechar-se nele, permitindo enfocar os fundamentos da produção do espaço no contexto da reprodução da sociedade capitalista específica do momento atual, que pode ser compreendido no nível da cidade, da metrópole e do lugar, elucidando o mundo moderno em sua tendência em direção à mundialização. Nessa direção, poderíamos superar – sem excluir – a dimensão do espaço enquanto localização dos fenômenos, de acordo com a ideia desenvolvida por Harvey.

A construção do argumento que sustenta a crítica à construção de uma *Geografia da acumulação*, tal qual proposta por Harvey, funda-se na tese segundo a qual o espaço geográfico se constitui como condição, meio e produto da reprodução da sociedade em sua totalidade, englobando várias escalas. Essa tese permitira, a meu ver, prolongar a obra de Marx no sentido da construção de uma *teoria social do espaço*, nos marcos de uma *Geografia crítica radical*. Um prolongamento desta ideia permitiria compreender a passagem da noção de produção do espaço como condição das condições da acumulação do capital, para aquela de produção do espaço como *condição da reprodução atual diante da crise da acumulação*. Assim, enquanto uma economia política do espaço envolveria a articulação dos níveis econômico, político e social, uma *Geografia crítica radical* envolveria esses mesmos níveis de análise, como momentos da reprodução do espaço como possibilidade e limite para a reprodução da sociedade.

O ajuste espacial *como solução à crise da acumulação*

Para Harvey a construção de uma *Geografia da acumulação do capital* deve esclarecer o modo como a teoria da acumulação – elaborada por Marx – relaciona-se com o entendimento da estrutura espacial e, de modo particular, com a análise da localização. Nesse processo, "forneceria o elo perdido entre a teoria da acumulação e a teoria do imperialismo" – uma vez que a acumulação é o motor da expansão e força, permanentemente revolucionária, de reformular o mundo. O crescimento econômico é um processo contraditório, no qual a criação das condições de sua realização cria barreiras estruturais, gerando crises que são endêmicas ao processo de acumulação capitalista. Nesse raciocínio, o autor indica quatro elementos para superação da crise: a penetração do capital em novas esferas de atividade; a criação de novos desejos e novas necessidades desenvolvendo novas linhas de produtos; a facilitação e o estímulo para o crescimento populacional num nível compatível com a acumulação a longo prazo, e, finalmente, a expansão geográfica para novas regiões, incrementando o comércio exterior, exportando capital e, em geral expandindo-se rumo à direção do que Marx denominou mercado mundial.

> Os três primeiros itens podem ser vistos como matéria de intensificação da atividade social, dos mercados e das pessoas numa específica estrutura espacial. O último item suscita a questão da organização espacial e da expansão geográfica como produto necessário para o processo de acumulação.[23]

Sua análise, todavia, encerra-se na escala global, na qual o local aparece apenas como infraestrutura para realização da circulação das mercadorias, fechando-se no plano econômico.

Harvey deriva da teoria da acumulação de Marx o papel do espaço como localização de capital fixado, mercados e pontos de produção, concluindo sobre a importância da *escala expansível* como condição da acumulação e da resolução de crises. Apoia-se no raciocínio de que o capital possui uma tendência de criar trabalho excedente, de um lado, e pontos de troca como extensão do capitalismo, de outro, o que significaria que os limites da acumulação seriam de ordem espacial. O capital é, para o autor, um processo de circulação entre produção e sua realização.

> Marx ajuda a pensar esse processo teoricamente, no entanto temos que fazer essa teoria se relacionar com situações existentes na estrutura das relações sociais capitalistas desse momento histórico, re-elaborar a teoria da acumulação numa escala geográfica expansível. Temos que derivar a teoria do imperialismo da teoria da acumulação de mercadorias.[24] [...] o que exigiria etapas intermediárias que abrangem a teoria da localização e a análise dos investimentos fixos imobilizados para sustentar a circulação do capital e a criação da paisagem geográfica para facilitar a acumulação.[25]

Essa teoria permitiria ver o funcionamento no tempo e no espaço o processo de acumulação do capital, como produto do "intercâmbio de bens e serviços (incluindo evidentemente, a força de trabalho) de onde deriva a importância dos mercados". Esse processo supõe "uma localização e uma rede de movimentos espaciais que criam uma Geografia própria da interação humana".[26]

Com base nesse raciocínio, Harvey formula a ideia de que

> As vantagens locacionais desempenham papel similar ao desempenhado pelas tecnologias; uma linha de argumentação, que se parece com os aspectos da teoria da localização de Thünen, Lösch e sintetizada por Isnard, com a diferença de que estas obras buscariam um equilíbrio espacial num panorama geográfico da atividade capitalista

Já o processo de acumulação capitalista "apareceria como algo expansionista e sem nenhuma tendência ao equilíbrio".[27] Por sua vez, as vantagens locacionais apareceriam nessa perspectiva, como atributo[28] para os capitalistas individuais. Isso porque em seu raciocínio a noção de espaço limita-se à ideia de localização de capital fixo, produzindo uma paisagem física associada às necessidades da realização da troca. Assim, o insucesso da realização do valor significaria a negação do valor criado potencialmente na produção, o que impediria a expansão da acumulação, surgindo a necessidade da compressão do espaço pelo tempo no seio do mercado mundial, pela mediação do crédito. Ao articular a localização dos elementos necessários à produção e à circulação do capital como condição da acumulação continuada, a produção de mercadorias se associaria a uma determinada "situação" que permitiria pensar na relação do local da produção com espaços mais amplos.

O autor argumenta, ainda, que em sua obra Marx priorizou o tempo e não o espaço, na medida em que a circulação do capital deve controlar o tempo de rotação socialmente necessário para concretização do ciclo, de maneira que o espaço, do ponto de vista da circulação, seria uma barreira a ser superada, gerando daí a necessidade de "anulação do espaço pelo tempo". Nessa direção, a tarefa da teoria espacial, no contexto do capitalismo, consistiria em elaborar representações dinâmicas de como essa contradição se manifesta por meio das transformações histórico-geográficas. O ponto de partida para tal teoria se situaria na interface entre as possibilidades de transporte e comunicação e as decisões locacionais. Por exemplo, continua Harvey, Marx defendeu com veemência a ideia de que a capacidade de superar barreiras espaciais e anular o espaço pelo tempo, por meio do investimento e da inovação nos sistemas de transporte e comunicações, cabia às forças produtivas do capitalismo. E, por isso, se pergunta:

O ESPAÇO COMO CONDIÇÃO DA REPRODUÇÃO

"como sempre existem limites espaciais tecnologicamente definidos de algum tipo, a questão permanece: o que acontece em seus confins?".[29]

Evidentemente o capital e a força de trabalho precisam se reunir em algum ponto específico do espaço para ocorrer a produção. Assim,

> a fábrica é um ponto de reunião, enquanto a forma industrial de urbanização pode ser vista como resposta capitalista específica à necessidade de minimizar o custo e o tempo do movimento sob condições de conexão inter-indústrias da divisão social do trabalho e da necessidade de acesso tanto a mão de obra como aos mercados dos consumidores finais. Os capitalistas individuais, em virtude de suas decisões locacionais específicas moldam a Geografia da produção em configurações espaciais distintas. O resultado de tais processos tende para o que chamarei de coerência estruturada em relação à produção e ao consumo em determinado espaço.[30]

Harvey considera, também, que

> há processos em andamento que definem os espaços regionais, em que a produção e o consumo, a oferta e procura (por mercadorias e força de trabalho), a produção e a realização, a luta de classes e a acumulação, a cultura e o estilo de vida, permanecem unidos com certo tipo de coerência estruturada em uma soma de forças produtivas e de relações sociais. Mas ao mesmo tempo, há processos que solapam esta coerência.[31]

Resumidamente, tais processos são: a acumulação e a expansão, além da necessidade de produzir; as revoluções tecnológicas que liberam tanto a produção quanto o consumo dos limites espaciais, tornando os limites das regiões porosos; as lutas de classes, que podem forçar os capitalistas a buscar outros lugares, e as revoluções nas formas capitalistas de organização que permitem maior controle sobre espaços cada vez maiores. Essas são forças que tendem a abalar a coerência estruturada de um território.

Mas como o capital, segundo a definição de Marx é, em essência, circulante, um ponto importante refere-se ao fato de que toda forma de mobilidade geográfica do capital requer infraestruturas espaciais fixas e seguras para funcionar, tais como sistema de transportes e comunicações bem organizados, o que requer a ação do Estado. Acentua-se que a

> produção não utiliza apenas o capital fixo e imobilizado diretamente empregado por ela, mas também depende de uma matriz completa de serviços físicos e sociais (de costureiras a cientistas) que devem estar disponíveis *in situ*.[32]

A mobilidade da força de trabalho e sua fácil adaptação à livre mobilidade do capital, mas também sua fixação para assegurar o controle do trabalho, cria a necessidade de infraestrutura para a educação, religião, saúde, serviços sociais, inclusive previdência "em certo território".[33] Nesse momento, Harvey chega a uma conclusão fundamental, que é a de que a capacidade tanto do capital, quanto da força de trabalho de se moverem rapidamente e a baixo custo, de lugar para lugar, depende da criação de infraestruturas físicas e sociais seguras, e, em grande medida, inalteráveis, pois a capacidade de dominar o espaço implica a produção do espaço. No entanto, as infraestruturas necessárias absorvem capital e força de trabalho na sua produção e manutenção. Segundo Harvey, nesse momento nos aproximamos da essência do paradoxo. Parte da totalidade do capital e da força de trabalho tem que ser imobilizada no espaço, congelada nele para proporcionar maior liberdade de movimento ao capital e à força de trabalho remanescentes. Resumindo o argumento,

> a coerência regional estruturada, em que a circulação do capital e a troca da força de trabalho apresentam a tendência, sob restrições espaciais tecnologicamente determinadas, a se constranger, tende a ser solapada por poderosas forças de acumulação, de mudança tecnológica e de lutas de classes. O poder de solapamento depende, no entanto da mobilidade geográfica tanto do capital como da força de trabalho e essa mobilidade depende da criação de infraestruturas fixas e imobilizadas, cuja permanência relativa na paisagem do capitalismo reforça a coerência regional estruturada em solapamento. No entanto a viabilidade das infraestruturas fica em perigo, devido à própria ação da mobilidade geográfica facilitada por essas infraestruturas. A consequência só pode ser a instabilidade crônica em relação às configurações regionais e espaciais; dentro da Geografia da acumulação, uma tensão entre as estruturas espaciais imobilizadas necessárias para tal propósito. A instabilidade, saliento, é algo que o intervencionismo estatal pode sanar, continuamente; o capitalismo se esforça para criar uma paisagem social e física da sua própria imagem, e requisito para suas próprias necessidades em um instante específico do tempo, apenas para solapar, despedaçar e inclusive destruir esta paisagem num instante posterior do tempo. As contradições internas do capitalismo se expressam mediante a formação e reformação incessantes das paisagens geográficas.[34]

Desse modo, a "a acumulação do capital", para Harvey, "sempre foi uma ocorrência profundamente geográfica", pois "sem as possibilidades inerentes à expansão geográfica, à reorganização espacial e ao desenvolvimento geográfico desigual, o capitalismo" teria deixado de funcionar. Ainda segundo Harvey:

O ESPAÇO COMO CONDIÇÃO DA REPRODUÇÃO

Essa mudança incessante rumo a um "ajuste espacial", referente às contradições internas do capitalismo (registrada, de modo mais perceptível, como superacumulação de capital numa área geográfica específica), junto com a inserção desigual de diversos territórios e formações sociais no mercado mundial capitalista, criaram uma Geografia histórica global da acumulação do capital.[35]

O desenvolvimento de nosso raciocínio nos levaria a acrescentar dois outros campos – fundamentais – para a superação da crise da acumulação: a urbanização como negócio, particularmente as transformações no espaço metropolitano como condição de realização do capital financeiro, e a instauração do cotidiano como possibilidade de ampliação do consumo, subsumindo todos os seus momentos ao mercado. Podemos, ainda, acrescentar que a construção espacial capaz de permitir a mobilidade do capital como fundamento da acumulação coloca-nos diante da necessidade de reprodução continuada da totalidade das situações necessárias ao processo. Para tanto, requer considerar que, em Marx, a noção de acumulação é englobada e superada pela de reprodução, o que significa que a acumulação articula-se a um processo mais amplo, numa justaposição contra-ditória entre o social e o político. Assim, se a noção de acumulação se funda na ideia de tempo do processo (isto é, produto da mobilidade crescente do capital necessária à valorização), a reprodução guarda o sentido de um processo que se renova como condição de sua própria sobrevivência, e em cada momento de forma superada. Daí decorre o sentido de movimento de transformação, de realização contraditória que se encontra escorando o desenvolvimento ampliado do processo de produção como um todo, enquanto desenvolvimento da *formação econômica da sociedade* e não como modo de produção. Marx escreve que

enfim, o processo de produção e de valorização tem por resultado essencial a reprodução e a produção nova da relação entre capital e trabalho, entre capitalista e operário. Esta relação social de produção é o resultado mais importante deste processo, que seus frutos materiais. Com efeito no seio deste processo o operário se produz enquanto força de trabalho, em face do capital, do mesmo modo que o capitalista se produz enquanto capital, em face da força de trabalho viva: cada um se reproduz reproduzindo o outro, sua negação. O capitalista produz o trabalho para o outro, o trabalho cria o produto para o outro.[36]

Portanto, não é apenas de repetição do ciclo de produção-circulação-distribuição-troca-consumo que estamos falando, mas da dominação dos produtos da história, da reprodução de relações sociais no seio da sociedade.

|107|

A CONDIÇÃO ESPACIAL

Isso envolve, nos dias atuais, a reprodução do espaço e do cotidiano como lugar desta realização, como veremos.

Podemos também afirmar que esse processo envolve a ideia de produção do espaço em seus vários momentos, indicando sua inseparabilidade da noção de reprodução, o que permitiria a) pensar o movimento de passagem da acumulação à reprodução como questão social, abrindo a perspectiva da construção de uma teoria social do espaço geográfico não circunscrita ao plano do econômico; b) ultrapassar a compreensão do indivíduo como força de trabalho, aparecendo como sujeito da produção do espaço; e c) ultrapassar a ambiguidade da compreensão do espaço reduzido à ideia de meio ambiente construído.

Exemplificamos com o fato de que, em seu movimento, o ciclo revela o capital, realizando-se concretamente. Assim, resumidamente, entramos na esfera específica da produção material de mercadorias. Mas, como Marx assinala, esta não separa o processo produtivo dos momentos da circulação que lhe são constitutivos, tratando-se de um processo que é essencialmente social. Desse modo, trata-se de espaços-tempos determinados por cada momento do processo de produção geral do capital. Podemos inicialmente afirmar (tendo a acumulação como pressuposto) que só existe produção se matérias-primas, matérias auxiliares e força de trabalho (regida por um contrato) se reunirem num local específico, o que pressupõe um momento de troca no mercado de mercadorias e de mão de obra – um mercado urbano. Esse processo também envolve o transporte de mercadorias e força de trabalho para a fábrica (trata-se aqui da circulação casa-fábrica, e do mercado de matérias-primas/auxiliares-fábrica. Também não há produção sem instrumentos de trabalho, sem trabalho passado e objetivado (produto de outro ciclo de produção de bens), seja nos instrumentos de trabalho, seja incorporada nas matérias-primas e auxiliares, ou ainda no edifício fabril. Há também, como condição, uma divisão de trabalho apoiada num "saber fazer", submetido a um tempo socialmente determinado de produção, e aqui nos referimos à primeira fase de realização do ciclo do capital, a qual diz respeito à circulação. A segunda fase refere-se àquela do processo produtivo específico, o que pressupõe um local determinado de realização da produção *stricto sensu*, a fábrica, momento em que se defronta o trabalho vivo com o trabalho morto na jornada de trabalho (fundada na antinomia de direitos entre o capitalista e o trabalhador), momento também em que se produz, efetivamente, a mais-valia (fundada na relação entre trabalho pago e trabalho não pago). Terminada essa fase, a mercadoria se dirige ao mercado como condição necessária para a realização da mais-valia gerada como processo de produção específico. Trata-se,

O ESPAÇO COMO CONDIÇÃO DA REPRODUÇÃO

agora, do momento em que a mercadoria no mercado volta-se ao consumo e, por isso, deve ser comprada e consumida, o que envolve a circulação, a troca, propriamente dita, até chegar ao ato final. Essa relação requer a circulação que não produz mais-valia, mas que pode ser um elemento de desvalorização do capital se o tempo for muito longo de modo a onerar os custos de produção. Uma troca visando o consumo requer um lugar apropriado, normas, contratos, acordos entre trocadores, vigilância, sinalizando um conjunto de relações sociais que evidenciam que a realização do ciclo do capital foge ao universo específico de uma relação econômica. A totalidade deste processo envolve espaços-tempos diferenciados e várias escalas espaciais, articulando simultaneamente vários processos produtivos e articulando capitalistas individuais. O processo em sua totalidade se funda na continuidade, revelando uma relação espaço-temporal que não se refere apenas ao plano do local, mas abre-se para o regional, nacional e mundial, visando à transformação da mercadoria em dinheiro novamente, como condição da reprodução ampliada.

Produção, distribuição e consumo se articulam dialeticamente no sentido em que um se realiza no outro e através do outro, num movimento em que o capital vai assumindo várias formas determinadas. Tal movimento se realiza, em sua integralidade, como processo de valorização, pela passagem de uma fase a outra, e envolve como mediação a troca e o seu equivalente. É também preciso considerar que o processo não se esgota nestes movimentos, pois o ciclo pressupõe um reinício constante, o que revela que a produção é também reprodução. A circulação não é, assim, um momento autônomo do ciclo do capital e não tenho dúvidas de que Harvey saiba disso, mas suas análises identificam o papel do espaço apenas neste momento específico. Tal raciocínio o leva a concluir sobre a criação de "um meio ambiente construído [...] que funciona como vasto sistema de valores de uso cristalizados numa paisagem física que pode ser para a produção o intercâmbio e o consumo".[37] Aqui repousa sua concordância com a ideia de Marx de que a anulação do espaço pelo tempo seria uma condição necessária à continuidade do capital, esclarecendo que esse objetivo apenas poderia ser alcançado por meio de configurações espaciais fixas e imóveis (sistemas de transportes etc.).

É preciso considerar, portanto, que, tomado em seu sentido preciso, o ciclo do capital, como movimento necessário à realização do processo de valorização do capital, engloba dialeticamente os momentos de circulação, o processo produtivo e o consumo final, pois sem esta finalização não há nova produção. Esse processo se funda num movimento temporal (a metamorfose necessária do

|109|

capital sob diversas formas movendo-se de uma fase a outra) e espacial (todos esses momentos ocorrem num determinado lugar como pressuposto de cada uma das atividades). Assim o processo articularia espaço e tempo como movimento espaço-temporal e, nessa condição, o espaço apresenta características diferentes, com atributos diferentes; local de troca, local de produção. Em seus atributos, os lugares são produzidos sob leis definidas pela sociedade, em que cada lugar da realização do ciclo de rotação do capital, como momento da reprodução social coloca-nos diante de um espaço produzindo para determinado fim. Também é preciso avaliar que o ciclo comporta uma dimensão política, seja na determinação da jornada de trabalho, na fixação dos salários, na orientação da construção da infraestrutura necessária à realização da produção (incentivos fiscais à produção, crédito, política de importação/exportação, política monetária etc.), ou, ainda, regulamentando a troca e os contratos sociais que as fundam. Com isso a reprodução escapa à esfera do trabalho e do processo produtivo, e passa a dizer respeito à reprodução de um amplo espaço que engloba o local e o global, revelando uma determinada dinâmica urbana e reestruturando a vida cotidiana no conjunto da sociedade. É dessa forma que o processo revela seu conteúdo social, bem como uma totalidade.

Esse desenvolvimento entra em contradição com a análise de Harvey, para quem o ciclo se reduz ao terceiro momento, iluminando o papel da teoria da localização, segundo a qual a circulação resulta em valor enquanto o trabalho cria valor. Tal raciocínio inclui dois aspectos, nomeadamente o movimento físico real de mercadorias do lugar de produção ao lugar de consumo e o custo real implícito ligado ao tempo consumido e às mediações sociais necessárias, para que a mercadoria chegue a seu destino final, e o custo necessário da circulação como dedução necessária do excedente em que a "indústria de transporte é diretamente produtora de valor".[38]

À contradição do capitalismo de desequilíbrio na acumulação, no qual a polarização assumiria a forma de capital empregado num polo, e a população desempregada no outro, Harvey propõe a expansão geográfica, pois capitalistas distintos, presos à luta de classes e coagidos pela competição intracapitalista, são forçados a ajustes tecnológicos, que destroem a possibilidade relativa de acumulação equilibrada e que ameaçam a reprodução tanto da classe capitalista quanto da classe trabalhadora.

> O produto final de tal processo é uma condição de superacumulação de capital, definida como excesso de capital em relação às oportunidades de empregar esse

capital de forma rentável. Na ausência do ajuste espacial ocorreria a desvalorização do capital que, ao lado da superacumulação, seria remediada por determinada expansão geográfica.

Isso seria possível através do comércio com formações sociais não capitalistas; do

> empréstimo de capital excedente para um país estrangeiro, criando novos recursos produtivos em novas regiões, num impulso do capitalismo de criar mercado mundial para intensificar o volume de troca e para produzir novas necessidades e novos tipos de produtos, e da expansão geográfica, possibilitando o acesso às reservas latentes de mão de obra que significaria alguma forma de acumulação primitiva no exterior.[39]

Ora, para Harvey a questão sobre a maneira de absorver os excedentes de modo produtivo se daria por meio da abertura de novos canais e novos caminhos para a circulação do capital, o que apontaria o deslocamento espacial e temporal. Assim o espaço em seu raciocínio aparece como possibilidade de resolução, no curto prazo, da crise de acumulação pela produção contínua assentada na "tensão entre crescimento e progresso técnico de excedentes e de força de trabalho", resolvendo-se pela "mobilidade geográfica de excedentes absorvidos desigualmente"[40] e deslocamento temporal por meio do investimento. O setor primário englobaria o terreno da produção e consumos imediatos, enquanto o secundário referir-se-ia ao capital fixo e à formação de fundos de consumo ou bens, enquanto o terciário aos gastos sociais e de investigação. Esses dois últimos absorveriam o excesso de capital em inversões de longa duração (apenas no caso de serem produtivas) e nesta condição contribuíam para incrementar a produtividade futura do capital. Já o papel do tempo apareceria como aquele "de rotação socialmente necessário", de modo a impedir a desvalorização dos capitais. Assim a "solução espacial" traveste-se de solução espaço-temporal para resolver as contradições internas da acumulação do capital e das crises. Sua argumentação derivaria "teoricamente da teoria de Marx da tendência à baixa da taxa de lucro".[41]

Segundo Harvey o trabalho útil e concreto produz valor de uso em determinado lugar e os diferentes trabalhos empreendidos em diferentes lugares se relacionam entre si através da troca, o que requer uma integração espacial, articulando a produção da mercadoria em diferentes situações por meio da troca para que o valor chegue a ser forma social do trabalho abstrato, desse modo a desintegração espacial alteraria a universalidade da forma valor. A nosso ver é necessário prolongar essa análise de modo que o espaço seja analisado, em suas várias dimensões, como produção social, isto é o ato de produção da sociedade como ato de produção do espaço sinalizando uma compressão da dialética espaço-sociedade. Assim, a prática sócio-espacial, como base e sustentação da vida humana, permitiria desvendar os conteúdos que esclarecem a sociedade capitalista hoje. Um ponto de partida necessário à reflexão referir-se-ia aos "novos conteúdos da prática sócio-espacial",[42] impondo a necessidade de uma teoria da diferença e da desigualdade imanentes à sociedade produzida hoje pela *autonomização* dos elementos constitutivos da vida, imposta à sociedade pela estratégia capitalista como um todo. Isso significa considerar a reprodução da sociedade e do espaço em seu movimento contraditório como produto da história; o plano espacial da localização e realização do confronto entre necessidades e objetivos diferenciados segundo os níveis da realidade social (segundo a classe), política ou econômica numa sociedade caracterizada pela normatização e pelo controle; as novas estratégias que associam os planos do econômico e do político no sentido de atuação conjunta no espaço com o desenvolvimento, por exemplo, das parcerias público-privada, e também as novas formas de contestação que surgem na sociedade sob a forma de movimentos sociais pela moradia ou pela terra, produto da produção da cidade segregada.

Como tendência, a constituição de um movimento em direção ao mundial significa que o capitalismo realiza concretamente o que trazia em si como virtualidade, que é sua expansão por todo o planeta como condição para sua reprodução continuada, tal qual analisada por Harvey no livro *O novo Imperialismo*.

A *cidade como negócio e o* **novo sentido** *do espaço*

O momento atual da acumulação sinaliza uma transformação no modo como o capital financeiro se realiza na metrópole, com a passagem da aplicação do dinheiro acumulado do setor produtivo industrial ao setor imobiliário. O processo sinaliza que a mercadoria-espaço mudou de sentido para a acumulação, evidenciado pela mudança de orientação das aplicações financeiras, que produz o espaço como *produto imobiliário*. No caso da metrópole paulista, o processo de reprodução do espaço, no contexto mais amplo do processo de urbanização, marca não somente a desconcentração do setor produtivo e a acentuação da centralização do capital, mas também dá um novo conteúdo para o setor de serviços (basicamente os que se desenvolvem são o financeiro e o de serviços sofisticados e com eles uma série de outras atividades de apoio como a de informática e a de serviços de telecomunicações), fazendo com que o movimento de transformação do dinheiro em capital percorra agora, preferencialmente, outros caminhos. É o caso da criação dos fundos de investimentos imobiliários que atestam que o ciclo de realização do capital desloca-se para novos setores da economia, produzindo um *novo espaço* dentro da metrópole como condição de sua realização – eis o lugar ocupado pelos *novos negócios*.

A necessidade dos empresários de, numa época de crise, direcionar seus lucros para os ativos financeiros, alia-se às estratégias que se realizam para possibilitar a reprodução, num momento em que se presencia em São Paulo a produção do espaço como raridade. Essa condição manifesta-se na metrópole em áreas precisas, como no centro ou nas suas proximidades. Podemos dizer que o fenômeno da raridade se concretiza pela articulação de três elementos indissociáveis: a existência da propriedade privada do solo urbano, que direcionou a ocupação da cidade; a centralidade do capital e das novas atividades econômicas que não podem se localizar em qualquer lugar da metrópole, e o grau de ocupação (índice de construção) da área no conjunto do espaço da metrópole. À ideia de escassez, alia-se, também, a necessidade de um novo padrão construtivo, apoiado numa rede de circulação e comunicação específicas, pois em cada momento histórico o ciclo do capital envolve condições diferenciadas para sua realização. É nessa direção que podemos afirmar que os *novos serviços*, em função de sua especificidade e da necessidade de proximidade com outros setores da economia, buscam uma localização específica e com características particulares, que precisa ser criada próximo ao centro, pois a centralidade tem aqui um papel importante.

O processo de produção do espaço da metrópole concentrado no centro e, em seguida, expandido e disperso a partir dele numa área mais ampla, permitiu a realização da propriedade privada do solo urbano. Nesse movimento, produziu uma contradição entre o centro e a periferia explodida. Porém, a construção da centralidade produziu, contraditoriamente, a sua saturação o que impede a expansão do setor de serviços na área central. Por outro lado, os novos serviços exigem um tipo de instalação que atenda às necessidades de flexibilização, mas que é incompatível com as construções atualmente encontradas no centro. Essa questão da incompatibilidade, bem como o fato de que a competitividade coloca a necessidade de diminuição dos custos de produção, vai se refletir diretamente na mudança de comportamento quanto à propriedade do imóvel no qual vão se desenvolver as atividades econômicas. Em vez de imobilizar dinheiro na sua compra, o empresário vai preferir alugá-lo, desenvolvendo, assim, o setor de locação de imóveis em São Paulo.

A mudança desse comportamento cria uma nova relação entre os setores econômicos e entre estes com o espaço, que é o que pode ser constatado no movimento dos investimentos em São Paulo, capitaneado pelas atividades imobiliárias. No movimento de deslocamento do setor industrial, o capital-dinheiro direciona-se, preferencialmente, à produção do espaço, como mercadoria passível de geração de lucros maiores do que para o setor industrial, em crise. O investimento imobiliário apontará uma tendência de valorização das áreas decorrente da nova atividade de serviços e comércio. A tendência predominante é a de construção de um espaço racional-funcional, revelando um projeto e uma estratégia, que envolve o mercado imobiliário, visto como extensão da propriedade privada, que faz do espaço uma mercadoria, cuja particularidade atual consiste na realização do capital financeiro, que se revela em duas frentes: num primeiro momento, os grandes investidores (que são os financiadores dos edifícios corporativos) e, atualmente, com os pequenos investidores, com a criação dos fundos de investimento imobiliários, que reúnem pequenos investidores pulverizados. Também o desenvolvimento dos serviços na metrópole, com o aprofundamento da divisão social e espacial do trabalho, que agora se baseia numa nova racionalidade, fundamentada e definida pela tecnologia aplicada à produção e a gestão, e, ainda, o planejamento, revelando um projeto que entende a cidade como esquema prático de circulação viária, priorizando o transporte individual, e nessa condição, construindo o espaço como forma operacional; como instrumento da realização indispensável do crescimento econômico.

O modo como o capital financeiro se realiza em parte por meio do processo de produção do espaço é bastante complexo, mas pode ser desvendado pelo circuito que produz o edifício corporativo. Em primeiro lugar, o capital em sua totalidade, se realiza pelo movimento contraditório de suas frações: financeiro, fundiário (revelando o conteúdo do atual processo de urbanização), industrial, comercial. Neste momento da produção do espaço urbano paulistano, a realização do capital financeiro engloba uma ampla articulação com outras frações, sob a coordenação do Estado. É assim que empresários de vários setores da indústria direcionam seus lucros para o mercado financeiro, cuja atuação no espaço se direcionará à produção dos edifícios corporativos, configurando uma nova paisagem.

Em primeiro lugar, esse capital-dinheiro será aplicado na compra do terreno – o que significa que uma parcela transforma-se em capital fundiário. Em seguida, outra parte será aplicada na construção civil e será transformada em capital industrial. Esses dois momentos sinalizam que esses edifícios compostos de escritórios realizam as frações de capital nele invertidos pela mediação do setor imobiliário, que vai realizar a locação e a administração dos imóveis. Com isso, o dinheiro de fundos imobiliários, potencialmente capital, vai objetivar-se, realizando a propriedade privada do solo urbano (correspondendo ao primeiro momento), e no segundo momento, realizando o lucro. Esse movimento que realiza o capital financeiro – como capital produtivo, produzindo o espaço – requer um terceiro momento em que a mercadoria – escritório – realiza-se pela mediação do mercado de locação de imóveis e o investimento é remunerado sob a forma de juro pela aplicação realizada. O que importa para o investidor é o retorno do seu investimento, como realização do valor de troca.

A construção de escritórios destinados ao mercado de locação, visando à reprodução das frações do capital (o industrial ligado ao setor da construção objetivando o lucro, e o financeiro como consumação prática do capital bancário e fundiário), tem como pressuposto fundamental a efetivação do valor de troca (objetivo último daqueles que compram espaços de escritórios construídos com finalidade de investimento), pela possibilidade de realização do valor de uso, num momento em que as empresas precisam diminuir os custos alugando, e não comprando, seus imóveis. É assim que o uso, que está em estado latente nesse tipo de investimento, liga-se de modo inexorável à concretização do valor de troca. Há um caráter *especulativo* em jogo (como algo novo) que pressupõe o uso, mas seu objetivo no ato de compra é o valor de troca que a operação intermediária de locação vai realizar. O que se deve ressaltar, então, é que o uso pode vir a ter sentidos diversos, uma diferença substancial entre a compra de uma moradia e a compra de um escritório para ser alugado. Significa que há interesses diversos envolvendo o uso em ambas as operações imobiliárias – o habitante compra a moradia para seu uso, enquanto o investidor compra um imóvel para alugar, porque representa um uso para outrem e, neste processo, permite a realização do ciclo do capital financeiro investido na construção do edifício.

O sentido e objetivo dessa produção requer a manutenção do imóvel, que representa diretamente a possibilidade continuada da realização do lucro, como sob a forma do aluguel, por exemplo. Para que o processo ganhe o movimento capaz de permitir sua continuidade, o gerenciamento do edifício é central, pois é necessário torná-lo ocupado o tempo todo, isto é, só a locação dos escritórios permite realizar o retorno do investimento, pois ao investir na produção de um edifício de escritórios visa-se com o dispêndio de dinheiro obter-se "mais dinheiro de volta", sob a forma de aluguel. Portanto, a locação dos escritórios vai realizar o valor de troca do produto imobiliário proporcionando alto retorno para os investidores e refletindo-se nos preços. É assim que, enquanto o preço do m^2 útil para a venda em São Paulo apresenta uma curva descendente, aumenta o preço do aluguel deste, o que tem atraído investidores para o mercado imobiliário de edifícios comerciais em determinados lugares da metrópole.

As transformações na economia – visando sua reprodução continuada – se realizam reproduzindo o espaço urbano paulistano com consequências significativas para a prática *sócio-espacial*, impostas pelo processo de valorização/desvalorização dos lugares. O valor de troca tende a se impor à sociedade num espaço em que os lugares de apropriação diminuem até quase desaparecer, como é o caso dos espaços públicos. Dessa feita, o deslocamento da indústria na metrópole e o crescimento do setor terciário revelam a primazia do capital financeiro efetivando-se, no momento atual, como processo de produção de um fragmento específico da metrópole.

Assim, numa sociedade capitalista, o acesso à cidade se dá pela mediação do mercado, em função da existência da propriedade privada. Por outro lado, o monopólio do espaço, separado das condições de meio de produção ou moradia e a partir do desenvolvimento delas, passa a ser fonte de lucro, na medida em que entra no circuito econômico como realização (econômica) do processo de valorização que a propriedade confere ao proprietário. Desse modo, o processo de formação do preço do solo urbano é uma manifestação do valor das parcelas do espaço, também influenciado pelos processos cíclicos de conjuntura nacional (que incluem a forma de manifestação de processos econômicos mundiais), e também aspectos políticos e sociais específicos de determinado lugar. Esses fatores vinculam-se ao processo de urbanização, que, ao se efetivar, redefine a divisão espacial, e com isso o valor das parcelas do espaço urbano. Esse valor será determinado em função do conjunto ao qual pertence, e é nessa inter-relação entre o todo e a parte (a localização do terreno na cidade) que ocorre o processo de valorização real ou potencial de cada parcela do espaço. Assim, as transformações econômicas são acompanhadas por estratégias imobiliárias bem precisas, capazes de direcionar os investimentos no espaço num momento em que, segundo os analistas, o imóvel deixa de ser *hedge*[43] no Brasil para virar investimento, compensando as dificuldades no circuito normal de produção-consumo e apontando uma estratégia de aplicação de capital.

No cerne da questão está a localização de cada parcela em relação àquela determinada pela produção espacial geral (a relação entre terreno-bairro,

bairro-cidade) e, portanto, varia em função do desenvolvimento das forças produtivas, isso porque a produção espacial é diferenciada e contraditória, conferindo diferencialmente valores às parcelas do espaço.[44]

Em função da existência do monopólio, concedido pela propriedade privada do solo urbano, podemos afirmar que o processo de valorização não depende apenas da incorporação de trabalho (produção de infraestrutura) na metrópole. Ele também pode ser definido por mecanismos econômicos que alteram a relação oferta-demanda no mercado imobiliário, produzido pelas crises econômicas, provenientes das flutuações dos juros e das bolsas de valores, das estratégias imobiliárias e da produção do espaço como raridade, bem como pelos limites impostos pelo poder público no estabelecimento de normas de zoneamento e da criação de políticas urbanas que provocam mudanças redefinindo usos, funções e preços, provocando com isso, a valorização/desvalorização dos lugares da metrópole. A reprodução das relações sociais se processa agora pela lógica de ações políticas e pelo controle sobre a técnica e o saber, iluminado a presença contraditória do Estado no espaço, fundada numa estratégia que se quer hegemônica e com isso organiza as relações sociais e de produção através da reprodução do espaço, enquanto ação planificadora. Com isso o espaço do *habitar* aparece como secundário nas políticas públicas. Portanto, a questão central é aquela da reprodução, espaço fragmentado em função de interesses privados em busca de rentabilidade e produzido sob a forma do edifício corporativo, e que movimenta a reprodução do capital financeiro.

A reprodução do capital financeiro – através da produção de edifícios de escritórios voltados à realização dos setores modernos da *nova economia* que se instala na metrópole – se realiza através das novas articulações entre os capitais individuais e privados, setores diferenciados sob o comando do Estado. Através dos fundos imobiliários e do mercado financeiro forma-se uma nova articulação entre os setores industrial e imobiliário, posto que não se trata da construção dos edifícios para a sua venda. Na realidade esse capital industrial/financeiro vai produzir os edifícios corporativos direcionados ao novo setor da economia, num momento em que as transformações do processo produtivo, diante das novas condições de competitividade do mercado, tornam impossível a imobilização do capital na compra do imóvel, o que oneraria os custos de produção. Portanto, para continuar se reproduzindo o faz através da compra da terra urbana (que é o que vai se constituir no eixo empresarial e comercial) onde vamos encontrar as sedes das empresas. Portanto, o capital acumulado no processo industrial vai ser aplicado na produção de imóveis, mas com características precisas: a construção de edifícios inteligentes voltados para o setor de aluguel, em função das novas atividades econômicas. Do ponto de vista do solo urbano o processo atual exige a superação de sua condição de fixidez. É assim que – através de novas estratégias, como a criação dos fundos de investimentos imobiliários, bem como a produção dos imóveis de escritórios pela mediação do mercado imobiliário voltado à locação – o solo urbano muda sua condição de fixidez, adaptando-se ao movimento real da valorização.

Assim o capital vai deixar de estar imobilizado na compra do imóvel voltando-se para o aluguel do imóvel: é nesse movimento que o capital ganha mobilidade. Nesse sentido, nos anos 1990 o solo urbano muda de sentido para o capital, deixando de ser um lugar de fixidez do investimento – somente passível de ser realizado num prazo longo – para ser o lugar através do qual vai se realizar, com fluidez. O que é novo no processo é que a produção do edifício engloba os capitais estrangeiros, que agora se dirigem à produção do espaço concreto de um fragmento espacial bem delimitado no conjunto da metrópole. Assim, a produção é local, mas a apropriação da mais-valia gerada no processo, pelo movimento do capital financeiro, tem uma parte apropriada no estrangeiro.

Desse modo, constrói-se uma hipótese: a reprodução do espaço urbano da metrópole sinaliza o momento em que o capital financeiro se realiza também através da produção de *um novo espaço*, sob a forma de *produto imobiliário* voltado ao mercado de locação, (fundamentalmente no que se refere aos edifícios corporativos de escritórios, rede hoteleira e *flats*) numa estratégia que associa várias frações do capital a partir do atendimento do setor de serviços modernos. Nesse sentido, estabelece-se um movimento de passagem da predominância/ presença do capital industrial produtor de mercadorias destinada ao consumo individual (ou produtivo) à preponderância do capital financeiro, que produz o espaço como mercadoria enquanto condição de sua realização. Nesse momento, o espaço-mercadoria, tornado *produto imobiliário*, se transforma numa mercadoria substancialmente diferente daquela produzida até então, pois se trata, agora, de uma mercadoria voltada essencialmente ao *consumo produtivo*, isto é, entendido como lugar da reprodução do capital financeiro em articulação estreita com o capital industrial (basicamente o setor de construção civil), que, pela mediação do setor imobiliário, transforma o investimento produtivo no espaço sobrepondo-se ao investimento improdutivo e regulando a repartição das atividades e usos.

O momento atual sinaliza, portanto, uma transformação no modo como o capital financeiro se realiza na metrópole hoje: a passagem da aplicação do dinheiro do setor produtivo industrial ao setor imobiliário, associado ao conjunto das indústrias voltadas à construção civil. Assim a mercadoria-espaço mudou de sentido com a mudança de orientação das aplicações financeiras, que produz o espaço enquanto *produto imobiliário*. Nesse sentido, a produção do espaço se realiza num outro patamar, que é o do espaço como momento significativo e preferencial da realização do capital financeiro.

Por sua vez, esse processo requer uma outra relação Estado/espaço, pois só o Estado é capaz de atuar no espaço da cidade através de políticas que criam a infraestrutura necessária para a realização deste *novo ciclo econômico*, redirecionando as políticas urbanas para a construção de um ambiente necessário para que esse capital possa se realizar.

Sob a mesma lógica, esse movimento do capital financeiro também produz outras formas arquitetônicas além do edifício corporativo. Refiro-me à construção dos hotéis e lugares voltados à atividade turística. Na realidade podemos afirmar que a produção dos espaços de turismo e de lazer se realiza como consequência do desenvolvimento do mundo da mercadoria, que num determinado momento da história, produz o espaço enquanto valor de troca, numa sociedade em que todos os momentos da vida cotidiana se encontram penetrados e dominados pela realização da mercadoria. O turismo e o lazer entram nesse contexto histórico como momento de realização da reprodução do capital, enquanto momento da reprodução do espaço – suscitadas pela extensão do capitalismo. Assim, a atividade turística captura o espaço, tornando-o mercadoria de desfrute, passível de ser consumida diferencialmente.[45]

É assim que, enquanto nova atividade econômica, o turismo e o lazer produzem o espaço enquanto mercadoria de consumo "em si" utilizando-se de suas características particulares. E, nesse sentido, o turismo aparece, no mundo moderno como uma nova possibilidade de realizar a acumulação, que em sua fase atual, liga-se cada vez mais à reprodução do espaço – produção que se coloca numa nova perspectiva, na qual o espaço ganha valor de troca enquanto possibilidade de realização do valor de uso. O que significa que a apropriação do espaço e os modos de uso tendem a se subordinar, cada vez mais, ao mercado. Assim, no mundo moderno o espaço se reproduz, alavancado pela tendência que o transforma em mercadoria – o que limitaria seu uso às formas de apropriação privada.[46] Essa atividade se efetua realizando o consumo produtivo do espaço em que o atributo do lugar constitui a representação necessária que orienta o seu consumo produtivo.

Além de espaços integrados à lógica do capital como momento constitutivo da acumulação – lugares integrados ao capitalismo mundial e imersos na sua lógica – esse movimento também produz, contraditoriamente uma vasta área, exterior à lógica do movimento imediato da reprodução do capital financeiro, que estou denominando de desintegrada como produto e não como condição de sua realização, compondo uma dialética entre a integração e desintegração dos lugares da metrópole como uma particularidade, produto da história do modo como o capitalismo se realiza na periferia do sistema, acentuando a segregação espacial e delimitando direitos.

Do ponto de vista de sua reprodução, o espaço urbano revelaria, em síntese, dois momentos da acumulação que se interpenetram. No primeiro momento o espaço produzido se torna mercadoria, assentado na expansão da propriedade privada do solo urbano no conjunto da riqueza. Trata-se, de um lado, do espaço fragmentado pelo setor imobiliário, que entra no circuito de produção da riqueza criando o espaço material (construído). O resultado é a cidade como mercadoria a ser consumida e, nessa direção, seus fragmentos são comprados e vendidos no mercado imobiliário, sendo que a moradia é uma mercadoria essencial à reprodução da vida. Mas também revela-se o momento da produção do espaço, em que a cidade se produz como condição para a realização do ciclo do capital como possibilidade de realização dos momentos envolvidos e necessários da produção, circulação, distribuição e troca, o que exige a criação de lugares definidos com características próprias a esse movimento da acumulação.

Essas estratégias orientam e asseguram a reprodução das relações no espaço, e, através dele, os interesses privados dos diversos setores econômicos da sociedade que veem no espaço a condição de realização da reprodução econômica. Os lugares da cidade aparecem como lugares da infraestrutura necessária ao desenvolvimento de cada atividade, em particular de modo a entrever uma equação favorável à realização do lucro. Mas cada fração de capital atua segundo sua lógica, ora se contrapondo, ora se articulando para realizar prontamente seu fim, que é a acumulação continuada. Dessa feita a urbanização revela-se como produção da mercadoria-espaço, e no segundo momento – o atual – o circuito de realização do capital (nos termos do movimento de passagem da hegemonia do capital industrial ao capital financeiro) redefine o sentido do espaço, que assume também a condição de produto imobiliário. Trata-se do momento histórico no qual a reprodução, estabelecida no plano global, orienta os processos locais (a produção do espaço da metrópole) e a distribuição dos lucros advindos do solo urbano – pelo consumo produtivo e se estende por toda a cidade. É a distribuição internacional da mais-valia produzida no processo local de produção da cidade como decorrência da flexibilização do solo urbano, no contexto de realização do ciclo do capital. Esse movimento, todavia, não exclui a continuidade do primeiro.

Esses processos metropolitanos aludem a uma *nova ordem espaço-temporal* que se vislumbra a partir do processo de constituição e mundialização da sociedade urbana que permite perceber os sinais de uma modernização imposta na morfologia urbana através de novas formas arquitetônicas.

A realidade demonstra que o desenvolvimento do mundo da mercadoria invade completamente a vida cotidiana, impondo uma racionalidade homogeneizante, inerente ao processo de acumulação, que não se realiza apenas produzindo objetos e mercadorias, mas criando signos indutores do consumo e novos padrões de comportamento. A racionalidade inerente ao processo de reprodução das relações sociais, no quadro de constituição da sociedade urbana, sinaliza que hoje o processo de reprodução toma toda a sociedade. Nesse contexto, a urbanização deve ser entendida no âmbito do processo de reprodução geral da sociedade, que tem o sentido da constante produção das relações sociais estabelecidas a partir de práticas espaciais num ambiente em constante renovação. A reprodução do espaço urbano revela-se como movimento significando que a cidade vai se transformando à medida que a sociedade vai se metamorfoseando, como consequência do desenvolvimento do capitalismo.

No centro do debate, a metrópole tem como pano de fundo a articulação entre o global e o local, o desenvolvimento de novos setores de atividade que vão produzindo uma nova dinâmica urbana em que o espaço ganha valor de troca. Assim, no mundo moderno o espaço se reproduz, alavancado pela tendência que o transforma em mercadoria, limitando seu uso às formas de apropriação privada. Aqui se delineia uma nova relação espaço-tempo, com novos conteúdos. O tempo, que surge em sua *efemeridade,* e o espaço que, sem referências, constitui-se como *amnésico*. Tempo efêmero e espaço amnésico redefinem a prática sócio-espacial da pós-modernidade.

Notas

[1] As referências aqui utilizadas dizem respeito à décima edição da obra *El capital*, editada pela Siglo Veinteuno, em 1984, e correspondem ao t. 3, v. 8, seção sexta, "Transformación de la plusvalia en renta de la terra", pp. 701-1036.

[2] Idem, p. 815.

[3] Idem, p. 851.

[4] Idem, p. 798.

[5] Idem, p. 797.

[6] Idem, p. 802.

[7] Idem, p. 804.

[8] Idem, p. 800.

[9] Idem, p. 793.

[10] Idem, p. 801.

[11] Idem, Ibid.

[12] Idem, p. 796.

[13] Idem, p. 797.

[14] Idem, p. 800.

[15] Idem, p. 799.

[16] Aqui se abre uma brecha para pensar na construção da cidade e de seus acessos através do mercado imobiliário.

[17] Idem, p. 801.

[18] Idem, pp. 793-4.

[19] Idem, p. 805.

[20] Idem, ibid.

[21] Idem, p. 851.

[22] D. Harvey, *El nuevo Imperialismo*, Barcelona, Ediciones Akal, 2003, pp. 79-80.

[23] D. Harvey, *A produção capitalista do espaço*, São Paulo, Annablume, 2005, p. 48.

[24] Idem, p. 73.

[25] Idem, p.103.

[26] D. Harvey, *Espaços da esperança*, São Paulo, Loyola, 2004, p. 84.

[27] Idem, ibid.

[28] D. Harvey, *Los limites del capitalismo y la teoría marxista*, México, Fondo de Cultura, 1990, pp. 376-7.

[29] Idem, ibid.

[30] Idem, p. 149.

[31] D. Harvey, *A produção capitalista do espaço*, São Paulo, Annablume, 2005, pp. 146-8.

[32] Idem, ibid.

[33] Idem, p. 149.

[34] Idem, p. 150.

[35] Idem, p. 193.

[36] K. Marx, *Grundrisse, 2. Chapitre du Capital*, Paris, Éditions Anthropos, 1968, p. 278.

[37] D. Harvey, *Los limites del capitalismo y la teoría marxista*, México, Fondo de Cultura, 1990, p. 238.

[38] D. Harvey, *A produção capitalista do espaço*, São Paulo, Annablume, 2005, p. 50.

[39] Idem, p. 116.

O ESPAÇO COMO CONDIÇÃO DA REPRODUÇÃO

[40] Idem, pp. 135-6.

[41] D. Harvey, *El nuevo Imperialismo*, Barcelona, Ediciones Akal, 2003, pp. 93-5.

[42] Idem, ibid.

[43] "Com a estabilização da economia, o imóvel perde o papel de *hedge* para os compradores e, por isso, começa a haver uma tendência de demanda por espaço de locação. Aí entra o investidor de longo prazo". Cf. "Boletim da Bolsa de Imóveis de São Paulo", *Boletim Databolsa n. 20*, São Paulo, 1998 (entrevista com Hermàn Martinez).

[44] A. F. A. Carlos, *O lugar no/do mundo*, 1. ed., São Paulo, Hucitec, 1996, p. 166-73.

[45] Nesse sentido, o tempo do não trabalho é ele próprio invadido pela realização da mercadoria-espaço. O turismo revela, assim, a mudança da relação espaço-tempo no mundo moderno realizando o espaço enquanto mercadoria ao mesmo tempo em que submete o tempo do lazer ao mundo da mercadoria. Essa atividade se realiza realizando o consumo produtivo do espaço. Aqui o uso do espaço "sofre o desvio" indicado pelo "roteiro" (que está no "pacote" que foi comprado na agência) que acelera, separa, seleciona e segrega o turista do lugar visitado apartando-o da vida do lugar, esvaziando seu sentido criando um mundo mágico e perfeito sem contradições lutas, conflitos, em uma palavra, sem história. Aqui o atributo do lugar constitui a representação necessária que orienta o uso. Por sua vez o tempo se revela como abstrato – o tempo das férias contabilizado pelo número de lugares conhecidos.

[46] Na produção do espaço turístico, essa dinâmica também revela em primeiro lugar que o homem perde sua condição de sujeito produtor para se reduzir no "consumidor do espaço"; com isso, aponta a passagem histórica (no processo de reprodução espacial) que transforma o "usador" em "usuário". Em segundo lugar revela também o momento em que *os espaços passam a ser consumidos em si*, a partir de suas particularidades físicas, históricas ou criadas para esse fim. Aponta, finalmente, para as mudanças na relação espaço-tempo. Também aponta para uma nova relação tempo de trabalho-tempo de não trabalho.

A REPRESENTAÇÃO ARCAICA DO ESPAÇO E O ESPAÇO PÚBLICO, PARA ALÉM DA ESFERA PÚBLICA, E SEU SENTIDO ATUAL

> *"Por nove dias, as setas dos deuses dizimaram o exército;*
> *mas, no seguinte, chamou todo o povo para a ágora, Aquiles."*
> Homero, *Ilíada*.

A conquista da natureza como produção do mundo humano, numa imposição do poder, da cultura, da religião, é um momento constitutivo do ser genérico num amplo processo de reprodução social. Orientada por categorias de análise universal – produção e reprodução – penso superar a construção de uma antropologia para pensar a produção do homem por ele mesmo no movimento que, saindo do plano individual, permitiu avançar, não sem conflitos, a construção do homem genérico através do desenvolvimento do ato de troca como extensão e ampliação das relações sociais no tempo e no espaço.

> A terra é a quintessência da condição humana e, ao que sabemos, sua natureza pode ser singular no universo, a única capaz de oferecer aos seres humanos um habitat no qual eles podem mover-se e respirar sem esforço nem artifício [...].[1]

Ao longo da história, a produção de produtos e obras como resultado de determinada atividade à qual correspondem ideias, representações e uma linguagem, mostra como na antiguidade as normas da vida e a moral vêm do culto e da religião; ao passo que no mundo moderno elas vêm do Estado, que totaliza a vida. Como escreve Lefebvre o mundo humano é um mundo de produtos que formam uma unidade, aquilo que nós tradicionalmente denominamos de mundo da percepção sensível. Este mundo social esta carregado de significações afetivas ou representativas que ultrapassam o instante, o objeto separado, o indivíduo isolado. O menor objeto é nesse sentido o suporte de sugestões e de relações inumeráveis, ele volta-se a todo tipo de atividades que não lhe são apresentadas imediatamente.[2]

A representação em seu sentido subjetivo ilumina as modalidades da práxis orientada pela relação dos indivíduos com o espaço. Essa relação gera formas de apropriação diferenciadas num momento em que a propriedade se constitui por uma relação de imediaticidade ligada à natureza, afirmando-se pela reprodução continuada dos rituais; por uma identidade construída sobre um território e a partir dele.

Na história como processo civilizatório encontraremos as relações familiares constituindo-se em torno do *fogo* sagrado, que ocupa um lugar privilegiado na casa, cuja centralidade preenchida pelos conteúdos do culto que nomeiam e definem os papéis de cada um no seio da família. Esses significados que coordenam as relações próprias de cada família protegem-se dos olhares estranhos a ela. Seu amálgama se efetua através de um rito em celebração própria de um tempo cíclico de realização e perpetuação do grupo: aquele da celebração dos mortos. Os ritos se localizam no interior da casa e individualizam aqueles que dele participam, de modo que os unem e lhes dão um horizonte identitário.

Num procedimento regressivo,[3] voltemos à Grécia. Com o mito de Héstia/Hermes aparece o espaço de representação, que revela o plano mental constituído a partir de elementos objetivos e práticos do vivido. Trata-se do ato fundamental de construção objetiva do espaço como momento necessário da produção/reprodução da vida, que se desenvolve e se desdobra ao longo da história civilizatória, transformando-se. Apesar de se referir ao mundo natural – o mito contempla e aponta uma inteligibilidade do mundo sem mediações – ele já traz em si elementos importantes que fundam a relação social do indivíduo com o espaço pela mediação de relações sociais mais amplas que marcam a realização a vida. No início, o grupo e a família, com seus espaços-tempos específicos, numa forma de uso, também específica, apontam para a dialética produção da vida/produção do espaço, tendo por terceiro termo a reprodução social. Assim já aparece esboçada a relação possível entre a produção da vida e a produção do espaço como momento necessário de produção/reprodução do mundo humano.

A REPRESENTAÇÃO ARCAICA DO ESPAÇO E O ESPAÇO PÚBLICO

Este mundo se constitui como um conjunto de centralidades justapostas, cada uma significando um grupo social delimitado a partir do qual se hierarquizam relações e lugares. Há também nessa construção a simultaneidade e a junção dos termos em relação dialética: dentro/fora; próximo/distante, familiar/estrangeiro. A centralidade constrói-se dialeticamente e se constitui enquanto propriedade tanto do espaço mental, quanto da prática real, revelando os sentidos dos lugares, sua hierarquia a partir do estabelecimento dos lugares privilegiados. E, portanto, apontando uma relação centro-periferia.

A essência do mito de Hermes/Héstia revela conteúdos que permitem situar-nos, historicamente, antes da "grande cisão": a constituição da separação entre o homem teórico com Sócrates/Platão e o homem real (teoria e prática). No plano da práxis é possível situá-la na guerra entre Esparta e Atenas, no século V a.C.

No panteão grego a dupla de divindades Héstia e Hermes revela, em sua complexidade, a representação arcaica do espaço. Para Vernant o casal exprime em sua polaridade uma tensão:

> o espaço exige um centro, um ponto fixo, com valor privilegiado, a partir do qual se possam orientar e definir direções, todas diferentes qualitativamente; o espaço porém se apresenta, ao mesmo tempo, como lugar do movimento, o que implica numa possibilidade de transição e passagem de qualquer ponto a outro.[4]

É bem verdade, esclarece o autor, que "os gregos que prestaram culto a estas divindades nunca viram nelas o símbolo do espaço em movimento [...]; o espaço e o movimento não estão ainda isolados como noções abstratas".[5] Todavia, está posta uma compreensão sobre o espaço. Na sua interpretação, Héstia reside na casa onde está instalada uma lareira, que representa o centro do habitat humano, mas:

> Héstia não constitui apenas o centro do espaço doméstico. Fixada no solo, a lareira circular é como o umbigo que enraíza a casa na terra. Ela é o símbolo e garantia de fixidez, de imutabilidade, de permanência. [...] Ponto fixo, centro a partir do qual o espaço humano se orienta e se organiza.[6]

A casa é o centro que fixa no espaço o homem, assegurando perenidade ao grupo, "é pela Héstia que a linhagem familiar se perpetua".[7] Permanência e mudança marcam constantemente a delimitação de um centro a partir do qual se tecem as relações com outros espaços. Assim também, o centro estabelece,

|127|

pelos conteúdos das relações sociais, o dentro e o fora; o espaço doméstico e o espaço público. No centro delimitado e significado, Héstia traduz-se como enraizamento ao solo. Sem deixar de dialetizar a fixidez que o centro estabelece, Vernant nos informa que "o centro que simboliza Héstia não define, somente um mundo fechado isolado; ele pressupõe também correlativamente, outros centros análogos; pela troca dos bens pela circulação das pessoas – mulheres arautos".[8]

Hermes, por sua vez representa no "espaço e no mundo humano, o movimento, a passagem, a mudança de estado, as transições, os contatos entre elementos estranhos" [...], pois "ele reside na entrada das cidades, nas fronteiras dos estados, nas encruzilhadas".[9]

E em todos os lugares onde os homens, deixando a sua morada privada, se reúnem e entram em contato com a troca (quer se trate da discussão ou do comércio), como na ágora, e com a competição, como no estádio, Hermes está presente [...] "ele é o mediador entre os deuses e os homens".[10] Trata-se, portanto, dos lugares em que se exercem as trocas como espaço-tempo de realização dos laços sociais que só podem estabelecer-se na presença do outro, na sua reunião num espaço e num tempo específicos. Aqui, o espaço público aparece em contradição com o espaço privado, acentuando-se uma relação entre o dentro e o fora. Surge o familiar e o restrito, de um lado, e o contato com o exterior – mais amplo tanto espacialmente quanto no que se refere às relações com outras pessoas – de outro. Na reunião de ambos, portanto, a realização de um terceiro termo: a sociedade.

Para Vernant, os mitos de Héstia e Hermes aparecem associados ao mito de autoctonia – os homens nascidos na terra em que estão instalados.

> Como para os poetas e filósofos Héstia se identifica com a terra imóvel, o centro do cosmos, a cidade aparece como o terreno do *oikos* que deve permanecer como o privilégio e a marca do cidadão autóctone, comunhão entre a terra e o grupo humano.[11]

Essa interpretação situa-nos no centro do entendimento da relação do cidadão com a pólis, na qual a hierarquia se ligava ao espaço privado como aquele do poder, enquanto o espaço da ágora abrigava a possibilidade real de, por meio do encontro e da reunião de iguais, criar-se as condições do autogoverno. Assim, o mito revela, substancialmente, a troca social como elemento central na definição desses espaços da vida. A troca social como ação que só pode se desenvolver através do diferente – o outro que é, na realidade, o coletivo – e num lugar determinado onde a individualidade se constitui pela participação ativa. Nessa condição, a troca, em sua substancialidade como sociabilidade, realiza-se no seio do coletivo, no espaço democrático constituído pela cidade.

O espaço entre os gregos representa, assim, uma condição constitutiva da existência humana que se realiza pela construção de uma história individual – no seio da família que se perpetua através da manutenção da linhagem/tradição – e de uma história coletiva que ganha sentido na cidade como espaço democrático, de autogoverno, derivado da ação que reúne os homens em torno da participação e delimitação de um destino comum. Mas é possível também pensar que a lareira pode representar para os gregos a cidade como centro da vida, da cidadania, da representação do pertencimento. "Tebas é tanto minha quanto sua", assim se expressa Creonte em Édipo Rei.[12] Nas obras de Ésquilo, de Sófocles e de Eurípides a cidade aparece como destino comum dos homens. "[...] a Peste se abateu sobre nós, fustigando nossa cidade e esvaziando, aos poucos a casa[13] de Cadmo, enquanto o tenebroso inferno vai se enchendo de nossas queixas, de nossos soluços [...]".[14] A *lareira*, como símbolo fixado no centro da *casa*, é também o símbolo da *cidade*. Portanto, a casa requer a ágora, que aparece em forma circular, e que, por sua vez, desdobra-se como espaço de reunião no teatro de Dionísio. Da justaposição destes espaços e da diferenciação das trocas sociais que guardam em si e os diferencia uns dos outros, a cidade se constitui como reunião de todos eles.

A dupla Héstia/Hermes aponta outra dialética, superando-se numa tríade que marcará ao longo da história o debate sobre a materialidade do espaço como objetividade dos lugares da vida realizando-se como espaço-tempo, movimento, passagem, constituindo uma história individual interligada a uma história coletiva na criação e imbricação de espaços vividos, representados. Espaços privados e públicos – em sua indissociabilidade – são marcados por formas de apropriação diferenciadas, enquanto momentos privilegiados que constituem a identidade cidadão/cidade como relação contraditória: o dentro e o fora, o individual e o coletivo, o protegido e o violento. A especificidade, revelando-se na diferença pelos conteúdos das relações sociais, contempla um *topos* como pressuposto e produto das relações sociais de troca.

Podemos pensar que o homem habita e vivencia o mundo a partir de sua casa. Bosi[15] afirma que esta é para o sujeito o centro nervoso do mundo, repleta de objetos que revelam o mundo interior cheio de significados e que ganham sentido à medida que a vida se desenrola. Mas a vida não se resume a esses lugares, pois ela é expressão de um deslocamento de ações que se desenrolam em outros lugares. Walter Benjamin, por exemplo, no conto sobre Nápoles,[16] descreve os atos da vida cotidiana sem distinção entre espaço público e espaço privado, ou melhor, posto que eles se misturam, realizam-se entre o limiar da casa e aquele da calçada e da rua, sem separação entre o dentro e o fora, assim como entre o indivíduo na presença de um estrangeiro.

O habitar, que, como já apontamos, guarda a dimensão do uso e abrange o corpo como uma presença real e concreta, restitui a presença e o vivido, iluminando os usos e o usador. Ele envolve um lugar determinado no espaço, portanto, uma localização e uma distância que se relaciona com outros lugares da cidade e que, por isso, ganha qualidades específicas. Estes, por sua vez, constituem o mundo da percepção sensível, carregado de significados afetivos ou de representações que, por superarem o instante, são capazes de traduzir significados profundos sobre o modo como esses se construíram ao longo do tempo. Desse modo, os lugares da cidade produzem limitações e, ao mesmo tempo, abrem possibilidades.

O espaço público, por sua vez, tem uma multiplicidade de sentidos para a sociedade, em função da cultura, dos hábitos e dos costumes, que não pode ser negligenciado. Nesse caminho, é substancialmente *troca social*, movimento, e relaciona-se, portanto, à atividade plena do indivíduo, que, pela relação com o outro, é definidora de seus destinos. Lugar onde se realiza um tipo de troca de conteúdo social diferente daquela que dá conteúdo ao espaço privado – do *oikos* dominado por relações hierárquicas definidas no seio da família e das relações de parentesco –, o espaço público expõe tensões, ambiguidades, conflitos. Diferenciando-se do nível do privado, contempla a possibilidade do acaso e do inesperado, sendo também o lugar da festa e dos referenciais constituidores da identidade. Em sua dimensão política, não negligenciável, contempla a esfera pública.

A contradição espaço público-espaço privado revela a natureza sócio-espacial da práxis, que funda as relações sociais, e é condição de realização da vida humana em sua multiplicidade. A relação do homem com o mundo é construída a partir de um ponto no qual o indivíduo se reconhece e a partir de onde constrói uma teia de relações com o outro e através deste, com o mundo que o cerca, produzindo-se enquanto humano à medida que constrói a realidade. Assim, se o ponto de partida é o espaço privado, revelando-se através do habitar que é real e concreto (aquele dos gestos, do corpo, o lugar da habitação que cerca o mundo privado, a peça do apartamento ou da casa), ele também se abre, inexoravelmente, em direção ao público, ao coletivo como lugar da

A REPRESENTAÇÃO ARCAICA DO ESPAÇO E O ESPAÇO PÚBLICO

prática cotidiana que descreve e dá conteúdo à vida na cidade, ligando lugares e pessoas na cidade.

Mas o centro que muitos descrevem com um centro único no espaço da cidade pode não sê-lo. Comecemos pela *ágora*, que é o lugar do discurso, do comércio, do encontro, da assembleia como ato de realização da cidadania e como arte política, manifestando a igualdade do cidadão, a sua capacidade e seu direito de autogoverno. "Não pode haver cidade a menos que todos tenham aquele mínimo de virtude cívica, de respeito pela opinião pública, senso de justiça que viabilizam a vida em comunidade".[17]

A esfera pública e a privada pressupõem e requerem um espaço efetivo para sua realização, isto é, pressupõem e constroem um espaço-tempo da ação que orienta a vida. Mas não é só a representação de Héstia/Hermes que revela o sentido desta espacialidade. Também é preciso recordar que a constituição da cidadania na pólis grega do século v a.C. teve como fundamento as reformas, primeiro de Sólon e depois de Clístenes, que revolucionaram o modo como o solo – e a riqueza presa a ele – era apropriado diferencialmente na sociedade grega. Portanto, a análise da pólis grega contempla, necessariamente, um momento espacial, fato ignorado pelas análises sobre o espaço público, que reduzem à esfera pública.

Nessa direção, a pólis não retém apenas o político como possibilidade e o lugar do discurso como ação. Na ágora se realiza a reunião dos homens, um contato num espaço, determinado para a ação e para o estabelecimento do discurso. Isso se dá pela mediação da troca, posto que toda atividade humana exige um espaço-tempo que lhe é próprio, e todo espaço exige um centro a partir do qual ele se organiza, se orienta. O que as obras de Sófocles e Eurípides nos revelam é que o sentido do pertencimento e da constituição da ideia de cidadania não se resume ao uso da ágora, mas, pelo contrário, é da cidade que se fala. E esta expressa uma articulação entre os espaços públicos, não só aquele da ágora, mas também o teatro de Dionísio,[18] onde toda a cidade se reúne durante dias para participar dos festivais em homenagem ao deus Dionísio, as *dionísias urbanas*; o dos concursos de tragédias, e, ainda, as ruas onde se realizavam procissões, envolvendo, deste modo, todos os lugares da prática espacial. A relação entre a acrópole e a ágora é a relação entre a representação através do mito e a prática da participação política. A definição do *homem grego* para Péricles é reveladora dessa ideia. Isto é, o sentido de homem é aquele que reúne um conjunto de atividades como a poesia, o esporte, a filosofia, a política, e os trabalhos manuais. A sociedade não se compõe, assim, de uma somatória de indivíduos, mas é expressão de uma articulação de relações sociais, condições nas quais um indivíduo produz sua existência em relação ao outro, no espaço da pólis. Essa orientação exige transcender a esfera do indivíduo, o que nos coloca diante da questão do sujeito não pré-constituído – mesmo que potencialmente –, mas como sujeito estruturado por processos de construção real na práxis, congruente com a ordem das determinações sociais.[19]

O espaço constitui-se a partir da dialética privado-público, o que contribui, na prática, com a ideia de que a cidadania é indissociável e constitutiva da cidade, bem como da representação da cidadania. Arendt[20] aponta que a esfera pública na pólis era a esfera da liberdade, em contraposição à esfera privada, comandada pela necessidade. Para os gregos a liberdade situava-se, exclusivamente, na esfera da política, contraposta àquela da necessidade que aparece como um fenômeno pré-político, característico do lar privado. Nessa esfera se justificava a violência como meio de vencer a necessidade e alcançar a liberdade (o que também justificaria a escravidão). Nesse sentido, os conceitos de domínio e de submissão eram pertencentes à esfera privada, enquanto a pólis – que significava o público – se diferenciava da família – centro da desigualdade – para conceber os homens como iguais perante a esfera do político, que igualava os homens. Assim, ser livre era não estar sujeito às necessidades da vida, nem a outro homem. A igualdade era a essência da liberdade, uma esfera na qual não existia nem governo nem governados, o que significava que não havia lei nem justiça fora da esfera pública, constituindo o sentido de cidadania. Para Aristóteles,

> a condição prévia de liberdade eliminava qualquer modo de vida dedicado basicamente à sobrevivência do indivíduo; pois esta não dispunha de liberdade de movimentos e ação não podendo o indivíduo se ocupar do belo pois este não era nem necessário, nem útil. À sobrevivência contrapõe a vida voltada aos prazeres do corpo, aos assuntos da pólis e à vida filosófica o que denotava uma forma de organização política muito especial e livremente escolhida.[21]

Nessa perspectiva, podemos afirmar que o espaço público aparece como o lugar da realização concreta da história individual como história coletiva, pela mediação dos lugares de realização da vida. O conceito de espaço público, portanto, liga-se a uma práxis determinada, ela própria invadida por conteúdos simbólicos. O espaço público revela o uso e este se liga às determinações da troca social em sua objetividade-subjetividade, material e simbólica.

A REPRESENTAÇÃO ARCAICA DO ESPAÇO E O ESPAÇO PÚBLICO

A vida cotidiana como espaço-tempo desse processo apresenta-se como prática objetiva, revelando-a como ação junto com as representações que a sustentam e explicam. Isto é, as relações sociais entre os homens se realizam por apropriações sucessivas dos espaços e dos tempos como condição e realização de sua existência, dando-lhes conteúdo e sentido. Nesse processo, ilumina-se a contradição espaço privado/espaço público, sendo o último termo a negação do primeiro, na medida em que o espaço público surge como espaços-tempos, lugares e momentos da prática sócio-espacial, definidora da vida na cidade como forma das apropriações. Nessa perspectiva, as transformações nos sentidos e nos conteúdos do espaço público se explicitam como momentos definidores, capazes de revelar o movimento da sociedade em sua totalidade.

Para muitos autores, os espaços públicos se referem àqueles dos equipamentos coletivos, o que nega seu sentido mais profundo como aquele da possibilidade de apropriações múltiplas, como lugar de encontros/desencontros, da comunicação, do diálogo e da sociabilidade, do exercício da cidadania. Jacques Lévy[22] chama atenção para o fato de que o espaço público tem dois sentidos. Em filosofia política, é o dispositivo que permite uma comunicação de uma deliberação entre cidadãos, nesse caso, a cidade contém uma metáfora espacial que tem relação com a *ágora* grega ou com o *fórum* romano, e o seu sentido é o de lugar privilegiado da reunião pública dos citadinos. O outro sentido é o do espaço público como objeto da ação dos arquitetos urbanistas e, nesse sentido, contemplaria o *universo dos possíveis*.

A esses dois elementos podemos acrescentar que a Geografia permite pensar o espaço público como um lugar concreto da realização da vida na cidade, como espaço-tempo da prática social, lugar da reunião e do encontro com o *outro*, o que significa que seu sentido é o da alteridade, em que a história particular de cada um pode realizar-se enquanto história coletiva muito mais do que simples localização da ação. Permite também pensar que o espaço público se define pela relação e não pela forma. As possibilidades da reunião e do encontro não significam proximidade do outro, estar ao lado do outro, mas relação dialética do sujeito com o outro da relação. Por isso, é possível também afirmar que nem todos os espaços de usos públicos podem ser construídos *a priori* nas cidades. Se a cidade é, em si, o lugar da vida, ela contempla a possibilidade de que todos os seus lugares sejam passíveis de serem apropriados como lugares de constituição de sociabilidade. Por exemplo, quando numa manifestação política o "corpo pode tomar o lugar do carro na rua", ou, ainda, quando a rua é tomada pelo "jogo" etc. Assim, o espaço público é, sem dúvida, de ordem social e liga-se à ideia de um espaço de usos que nem sempre são ou podem ser definidos antecipadamente em relação a uma forma e a uma função inicial. A forma pode ou não apelar a conteúdos precisos, mas, certamente, não no que se refere aos espaços públicos. Dessa forma, o sentido do espaço público liga-se aos espaços da cidade como um todo. Com isso quero dizer que a virtualidade que Lévy[23] aponta, a meu ver, não está na mão dos urbanistas presos à lógica da racionalidade "estatista", que normatiza e a funcionaliza o espaço urbano. Mas encontra-se no plano da sociedade na ação dos cidadãos participando ativamente de seus destinos. Nessa direção, o espaço público como o uso público da cidade se liga às possibilidades dos lugares apropriados (imediato ou mediato) e supõe o sujeito ativo em contraposição à ideia de um ator atuando no cenário preestabelecido da cidade.

Isso quer dizer que o espaço público só tem um sentido público no uso real, na medida em que permite a relação social através da simultaneidade dos usos. Mas é preciso considerar que os espaços públicos contemplam contradição em si. Se o espaço público é um lugar do político, contraditoriamente, no mundo moderno, sob a égide do político, o espaço público se torna o lugar da norma, objeto de estratégia do Estado. Também, se o espaço público é o lugar da realização da vida urbana como possibilidade do encontro, é também o lugar da copresença como negação do outro. Ainda outra contradição tem a ver com o fato de que o espaço público é o lugar do encontro, por excelência, mas se encontra invadido pelo mundo da mercadoria, imerso nos processos de valorização do espaço, que tornam os espaços públicos ótimas oportunidades de lucro para o setor imobiliário.

A cidade contemporânea revela estas contradições na medida em que é produzida pela funcionalização dos lugares da vida, que os autonomiza, tendo também seu uso limitado por ela. Uma conquista da modernidade foi fragmentar a vida cotidiana, separando-a em espaços-tempos definidos e recortados, com funções específicas que apontam a condição objetiva do ser humano cindido e envolto no individualismo, preso ao mundo da mercadoria. O estágio atual da economia potencializa a cidade enquanto concentração de riqueza, poder, da riqueza mobiliária à imobiliária, permitindo a generalização do mundo da mercadoria que torna o uso do espaço da cidade cada vez mais dominado pelo valor de troca, no movimento que metamorfoseia o cidadão em consumidor. A produção da cidade comandada pelo econômico elimina aos poucos o sentido da cidade como obra, espaços de criação e gozo.

O individualismo moderno, ligado à implosão das orientações socioculturais e à crise da cidade, aponta para o fato de que as transformações do processo de reprodução do espaço urbano tendem a separar e dividir os habitantes na cidade em função das formas de apropriação, determinadas pela existência da propriedade do solo urbano. A acomodação de cada um num endereço específico aponta para uma segregação espacial, bem nítida, passível de ser observada na paisagem. Como delimitação bem marcada, separa a casa da rua, reduz o espaço público, apagando a vida nos bairros onde cada um se reconhecia (porque este era o espaço da vida) e torna a cidade anônima, funcional e institucionalizada, de maneira que ela passa a ser vivida, nesse cenário, como estranhamento.

Ao longo do processo histórico a produção da cidade vai se revelando como modo de segregação de grupos e indivíduos. Hierarquizados social e espacialmente, os indivíduos participam da sociedade desigualmente em que o espaço público como subversão e negatividade aparece mais como possibilidade do que realidade presente. Esse processo revela, também, o encolhimento da esfera pública no mundo moderno e a expansão da esfera privada. Arendt aponta que a esfera privada não é mais o oposto da esfera pública, pois ambas foram absorvidas pela existência de uma esfera social. Com isso revela-se o que Arendt chamou de "vitória da sociedade na era moderna", isto é, sua inicial substituição da ação pelo comportamento, e sua posterior substituição do governo pessoal pela burocracia, que é o governo de ninguém.

> Desde o advento da sociedade, desde a admissão das atividades caseiras e da economia à esfera pública a nova esfera vem se caracterizando principalmente por uma irresistível tendência de crescer, de devorar as esferas mais antigas do político, do privado bem como a esfera mais recente da intimidade. Este constante crescimento é reforçado pelo fato de que, através da sociedade, o próprio processo de vida foi de uma forma ou de outra canalizado para a esfera pública [...]. A mais clara indicação de que a sociedade constitui a organização pública do próprio processo vital talvez seja encontrada no fato de que [...] a nova esfera social transformou todas as comunidades modernas em sociedades de operários e assalariados; em outras palavras estas comunidades concentram-se imediatamente em torno de uma única atividade necessária para manter a vida – o labor.[24]

Naturalmente para que se tenha uma sociedade de operários não é necessário que cada um de seus membros seja realmente um operário ou trabalhador – e nem mesmo a emancipação da classe operária e a enorme força potencial que o governo da maioria lhe atribui são decisivas nesse particular: basta que todos os membros considerem o que fazem primordialmente como modo de garantir a própria sobrevivência de suas famílias A sociedade é a forma na qual o fato da dependência mútua em prol da subsistência e de nada mais adquire importância pública e na qual as atividades que dizem respeito à sobrevivência são admitidas em praça pública.[25]

O surgimento da sociedade de massa indica que os vários grupos sociais foram absorvidos por uma sociedade única, que controla com igual força todos os membros "onde a igualdade é apenas reconhecimento político e jurídico baseado no conformismo inerente à sociedade que só é possível porque o comportamento substitui a ação como principal relação humana".[26]

Sobre esse processo de alienação, Lefebvre, relembrando uma fórmula de Marx, escreve que

> a abstração do estado como tal pertence aos tempos modernos porque a abstração da vida privada pertence aos tempos modernos [...] O paradoxo da situação com efeito não é a consolidação da vida familiar reduzida nem os processos de re-privatização. O chocante é o conjunto de contradições que acompanham esse processo e que o constituem. A re-privatização aparece quando e enquanto a história se acelera. Ela não tem apenas uma relação com as derrotas e os perigos que emana dessa aceleração, ela refere-se, também, às técnicas começando pelo rádio e pela televisão "que abriram a vida privada sobre a vida social e política, sobre a história sobre o conhecimento". O fechamento sobre si da consciência e a vida privada acompanha a globalização da vida e da consciência. A abertura produz resultados imprevistos. A globalização previsível e esperada se realiza sobre o modo do fechamento. De sua poltrona o homem privado – que não se sente mesmo mais cidadão – assiste ao universo sem preocupação. Ele olha o mundo. Ele se mundializa enquanto puro e simples olhar. Ele ganha um saber. Mas no que consiste esse saber? Não é um verdadeiro conhecimento nem um poder sobre as coisas vistas nem uma participação real aos eventos. Há aí uma modalidade nova de olhar: um olhar social colocado sobre a imagem das coisas mas reduzida a impotência à detenção de uma falsa consciência e de uma quase-consciência à não participação. Desse olhar se afasta o conhecimento real, a potência real, a participação real. É bem um olhar privado aquele do homem privado tornado social.[27]

Desse modo,

> na mundialidade passivamente contemplada, sem participação efetiva se desenvolvem os processo inacessíveis apesar de vistos: tecnização e exploração do cosmos, estratégias políticas. Esse processo de distanciamento

vertiginosamente diante do olhar socializado que se substitui à consciência ativa – agindo – da prática social. [...] A vida privada permanece privação [que é para Lefebvre é o sentido da palavra privado], o mundo vem camuflar as frustrações. Enquanto se opera a re-privatização da vida e pelos mesmos meios o poder e a riqueza se personalizam. A vida pública, a política se impregna de imagens e significações emprestadas da vida privada.[28]

Contradição privado/público

A ação que constitui o mundo concretamente se realiza enquanto modo de apropriação do espaço para a reprodução da vida em todas as suas dimensões. Estas se referem a modos de uso que constituem as relações vinculadas ao ser humano e envolvem dois planos: o individual (que se revela, em sua plenitude, no ato de habitar, ligando-se aos conteúdos e sentidos do espaço privado) e o coletivo (plano da realização da sociedade, realizando-se em espaços mais amplos e complexos, que se ligam aos conteúdos e sentidos do espaço público). Essa relação ganha sentido objetivo e subjetivo na cidade.

Porém, na cidade contemporânea, a contradição espaço público/espaço privado revela a extensão da privação, através da forma jurídica da propriedade privada da riqueza, e traduz-se pela hierarquia social que define o acesso aos lugares da cidade, pontuando a diferenciação entre os indivíduos numa classe. Ao mesmo tempo, revela a explosão do centro da cidade como lugar simbólico constitutivo da identidade. Aqui, o sentido desse centro é radicalmente diferente da ágora. Se todo espaço requer um centro como condição de sua produção, o sentido do que é o centro se transformou, substituindo a participação coletiva pela participação representativa, o cidadão se eclipsa e só lhe resta a monumentalidade que revela a espetacularização do espaço. Nesse sentido, a produção da cidade contemporânea também aponta a passagem do espaço do consumo ao consumo do espaço, marcado pela mediação da troca, sob a lógica da mercadoria, à qual o uso e as formas de apropriação do espaço da realização da vida se submetem. Ambos se orientam sob os desígnios da troca mercantil no momento histórico em que o espaço-tempo de realização da mercadoria, e de seu mundo, aparece como condição da reprodução da sociedade, ao passo que a participação, como possibilidade de participação na vida pública, aparece imersa no mundo do espetáculo da sociedade de massas como consciência alienada.

No espaço da contemplação passiva, mais do que da ação cívica, as representações assumem papel importante na dissimulação da participação do indivíduo no projeto coletivo da cidade. O espaço público, saturado de imagens, signos do urbano e da vida moderna, age como elemento norteador dos comportamentos e definidor dos valores que organizam a troca, hierarquizando os indivíduos através de seu acesso aos lugares da cidade. Ao contrário do espaço da ágora, que para Sennet[29] era o refúgio da segregação, os espaços públicos, na cidade contemporânea, realizam-se como segregação, ao mesmo tempo lugar de tensão e conflito. Nesse sentido o "espaço urbano é contradição concreta, vivida praticamente. O estudo de sua lógica e de suas propriedades formais leva em direção à análise dialética de suas contradições".[30]

A relação contraditória privado/público aponta o "espaço institucionalizado", isto é, vazio e normatizado, como terceiro termo, e explica o movimento de constituição da produção capitalista da cidade contemporânea, em seu fundamento, como processo de reprodução das relações sociais no âmbito do processo de valorização. Deparamo-nos, assim, com a absorção dos conteúdos do espaço público e privado, como condição da reprodução social sob o capital, processo que se realiza constituindo a cotidianidade num espaço abstrato e sem qualidades. Dos meios de produção à casa como lugar da reprodução da espécie, todos os lugares da vida passam, tendencialmente, pelas formas possíveis de apropriação submetida às relações da troca mercantil, como consequência da expansão da propriedade privada para todos os planos da vida e revelando-se como privação da cidade. Aqui se erguem as fronteiras urbanas – sejam elas impostas pela existência da propriedade privada do solo urbano, pelo narcotráfico, ou pelas gangues – que vão limitando a vida no encolhimento dos espaços públicos e na deterioração dos espaços privados – pela expansão das periferias urbanas. Produtos da explosão/implosão da cidade pela potência organizadora e totalizadora do Estado e da extensão do mundo da mercadoria através da produção do espaço urbano, os lugares da realização da vida expõem e reforçam o poder da propriedade privada do dinheiro, solidificando um conjunto de valores éticos e estéticos orientadores da vida urbana, e, por fim, atualizando a alienação.

O espaço institucionalizado que invade reduzindo o sentido tanto do privado como do público traz uma negatividade que aparece através da ação reivindicatória, momento em que o espaço público se recarrega de sentido proveniente da ação dos indivíduos que, ao tomar com seu corpo o espaço público, exigem o direito da palavra como participação na elaboração de um destino comum.

A cidade na condição de prática social é espaço-tempo da ação que funda a vida humana em sua objetividade. Ela não se limita a ser um simples campo de experiência, pois a apropriação do espaço realiza-se através do corpo e de todos os sentidos, que são as determinações do ser humano. Portanto, ao enfocar a prática, o movimento do pensamento vai na direção do concreto, da prática urbana real em suas contradições vividas. Mas essa contradição espaço privado-espaço público é superada no termo *cidade*. Assim aparece a cidade, como terceiro termo, apontando e superando a contradição entre público e privado através da constituição da luta em torno do *direito à cidade* como negatividade, isto é, como projeto transformador no seio da reprodução social, restaurando o sentido da liberdade contida no âmbito do espaço urbano. Nessa direção, o espaço público permanece como resíduo: o acaso, a espontaneidade e a participação, sempre possível. Espaço-tempo de implosão da norma e de reafirmação do coletivo como possibilidade de autogestão, o espaço público aparece em sua negatividade, como momento constitutivo do *direito à cidade*.

É assim que, na análise da cidade, nos confrontamos com as situações que emergem no seio da realidade como urgência de uma vida cotidiana fragmentada, realizada em espaços segregados bem como, como as aspirações a uma "outra vida", capaz de restaurar a dialética da necessidade e do desejo como fundamento da luta em torno do direito à cidade.

Alguns dos conteúdos da representação arcaica do espaço esclarecem, assim, o sentido do habitar como modo de apropriação do espaço e do tempo, apresentando-se como uma das dimensões da vida humana. Já o seu desdobramento aponta o lugar de invenção e de reunião de pessoas, de troca de informação, condição em que o habitante toma consciência de uma vida coletiva surgida das experiências cotidianas que guardam em si uma relação afetiva e simbólica, que produz a identidade. E é nessa relação que o cidadão toma consciência de sua situação diante de espaços mais amplos, nos quais a apropriação revela, em sua profundidade, a relação entre necessidade e desejo, espaço e tempo, produção-apropriação-reprodução em seu movimento, numa prática sócio-espacial, que é, inicialmente, condição da existência humana, "de sua essência universal de uma maneira universal, quer dizer enquanto homem total".[31]

Notas

[1] H. Arendt, *A condição humana*, 10. ed., Rio de Janeiro, Forense Universitária, 2000, p. 10.

[2] H. Lefebvre, *Le materialisme dialectique*, Paris, PUF, 1971, p. 125.

[3] Essa regressão traz elementos que fundamentam a tese apresentada sobre a produção da vida como processo de produção do espaço. Elucida o significado do uso e permite tecer uma compressão sobre o modo como a produção do espaço como processo de abstração subsume o "usador" ao império do valor de troca pelo empobrecimento e quase subtração do espaço público e, com isso, redefine o sentido da cidade, esvaziada de seus conteúdos civilizatórios.

[4] J. P. Vernant, *Mito e pensamento entre os gregos*, 2. ed., Rio de Janeiro, Paz e Terra, 2002, p. 194.

[5] Idem, p. 194.

[6] Idem, p. 191.

[7] Idem, p. 199.

[8] Idem, p. 211.

[9] Idem, p. 192.

[10] Idem, pp. 192-3.

[11] Idem, p. 208.

[12] Sófocles. "Édipo rei", em *A trilogia tebana*, Rio de Janeiro, Jorge Zahar, 1998, p. 44.

[13] Dependendo da tradução, ela também significa *terra*.

[14] Sófocles, op. cit., p. 22.

[15] E. Bosi, *Memória e sociedade*: lembranças de velhos, 4. ed., São Paulo, Companhia das Letras, 1995.

[16] W. Benjamin, Rua de mão única, em *Obras escolhidas*, São Paulo, Brasiliense, 1987, v. 2.

[17] I. F. Stone, *O julgamento de Sócrates*, São Paulo, Companhia das Letras, 2005, p. 73.

[18] "Ir ao teatro, para os gregos, era muito diferente daquilo que fazemos hoje em dia – escolhendo o dia e o espetáculo de preferência e assistindo a uma representação que se repete [...] Havia duas festas anuais onde se encenavam tragédias que duravam três dias e eram organizadas e patrocinadas pelo Estado [...] e todo o povo era convidado a comparecer [...] assumindo características de festas nacionais", em J. de Romilly, *A tragédia grega*, Brasília, Editora da UnB, 1998, pp. 14-5.

[19] A. Artous, *Le fétichisme chez Marx: le marxisme comme théorie critique*, Paris, Syllepse, 2006.

[20] H. Arendt, op. cit.

[21] Citado por Arendt, op. cit., p. 21.

[22] J. Lévy, "Urbanisation honteuse, urbanisation hereuse", em R. Marcel et al., *De la ville et du citadin*, Lille, Éditon Parenthèses, 2003, pp. 74-91.

[23] J. Lévy, idem, p. 74.

[24] Arendt, op. cit., p. 52.

[25] Arendt, op. cit., pp. 52-6.

[26] Arendt, op. cit., p. 50.

[27] H. Lefebvre, *Critique de la vie quotidienne*, Paris, L'Archer Editeur, 1981, v. 2, p. 93.

[28] Idem, pp. 93-4.

[29] R. Sennet, "La conscience de l'oeil", em *L'espace du public*, Paris, Édition Recherches, nov. 1990, p. 34.

[30] H. Lefebvre, *La révolution urbaine*, Paris, Gallimard, 1970, p. 56.

[31] K. Marx apud Lefebvre, Henri, *Critique de la vie quotidienne*, Paris, L'Arche, 1962, v. 1, "Introdução", p. 75.

CONSIDERAÇÕES FINAIS: CONSTRUINDO A METAGEOGRAFIA

"Retribui-se mal a um mestre, continuando, sempre, apenas aluno."
Nietzsche

Entendo o momento atual da Geografia como um momento de crise. É indiscutível que a realidade atual revela profundas metamorfoses, apontando a necessidade de desvendamento do conteúdo e do sentido dessas transformações como produto da realização do capitalismo no plano mundial. A sociedade, saída da história da industrialização (que permitiu com o desenvolvimento do mundo da mercadoria, a generalização do valor de troca, o desenvolvimento das comunicações, a expansão da informação, a redefinição das relações entre os lugares, bem como da divisão do trabalho no seio da sociedade) vive agora uma reprodução que se realiza como urbana. A extensão do capitalismo no espaço, ele próprio tornado mercadoria, faz da produção do espaço um pressuposto, condição e produto da reprodução social, portanto, elemento definidor dos conteúdos da prática sócio-espacial, modificando as relações espaço-tempo da vida social, redefinindo contradições e produzindo novas.

Mas as transformações no/do espaço se aliam à necessidade da compreensão desse movimento/momento da realidade pela Geografia, e o dinamismo no qual está assentado o processo de conhecimento implica profundas transformações no pensamento geográfico. Assim as metamorfoses do espaço exigem a transformação da Geografia, enquanto processo de superação, o que só se realiza através de uma renovada postura crítica. Tal postura pressupõe que a elaboração de noções e conceitos apareça articulada à prática social enquanto totalidade que se define, dinamicamente, e nos permita pensar os rumos da sociedade. O que não se faz sem crise.

A construção do que venho chamando de metageografia é, de um lado, o reconhecimento de um estado de crise da Geografia, e, de outro, seu papel como possibilidade de compreender o mundo moderno, mesmo em seus limites de ciência parcelar, posto que o conhecimento pode se constituir como um movimento em direção à totalidade. Num sentido mais amplo, trata-se de pensar o lugar da Geografia na explicação da realidade como momento de construção de uma *Geografia crítica radical*.

O estado crítico

Se for possível pensar que, apesar de seus avanços, a Geografia vive um "estado de crise", então nos deparamos com a exigência de revelar seus sintomas, e, como consequência, com a necessidade da construção de um caminho diante da necessidade de compreensão da realidade a partir ou através da Geografia. Todavia, se há um estado de crise este não se refere especificamente à Geografia, nem se circunscreve ao plano teórico. Há uma crise real, prática, produto das metamorfoses do mundo moderno, que produziu o aumento da concentração da riqueza, a degradação da natureza, o esgarçamento da sociabilidade, a deterioração do trabalho e a diminuição das possibilidades de emprego, bem como o esvaziamento da democracia num mundo voltado ao crescimento como necessidade ampliada da acumulação.

O mundo urbano, principalmente aquele das grandes metrópoles dos países periféricos, revela cenários de devastação, ruína, caos e, com isso, a exigência de soluções urgentes, de curto prazo, em detrimento de um projeto de sociedade, de longo prazo, verdadeiramente capaz de superar as condições da reprodução atual, colocando em xeque os conteúdos da vida, bem como nossa possibilidade de compreensão desse movimento. Esses planos nem sempre escapam da armadilha da racionalidade do capitalismo em direção à sua reprodução continuada, exigindo uma crítica ao Estado e a sua ação.

Na Geografia, em meio a um cenário de crise, é possível pensar num caminho em que o pensamento crítico – que tende a esterilizar-se – possa gerar outra possibilidade, aquela da construção de uma *metageografia*.

Como já mencionei, a produção geográfica dos anos 70/80 questionou o procedimento que aplaina o conhecimento geográfico ao sintetizá-lo como pura objetividade em busca do fundamento da explicação do mundo. Aspecto essencial da Geografia, o tratamento da localização das atividades do homem, de um grupo humano, se abriu para pensar que a atividade do homem além de estabelecê-lo em um local é capaz de organizar um espaço. Superava-se, nesse movimento, a redução da Geografia à localização dos fenômenos que, não sem razão, fez do *geográfico* sinônimo de localização dos fenômenos na face da terra, ou no mapa. A chamada Geografia crítica, tal qual se realizou no Brasil nesse período, abriu perspectivas profícuas para se pensar o seu sentido e responsabilidade social. Nesse caminho, deslocou o foco das atividades no espaço para a produção do espaço, apontando os conteúdos sociais deste.

Esse movimento no Brasil, desenvolve-se sobre as bases da Geografia francesa,[1] particularmente, a partir das obras de Lacoste, principalmente seu livro *A Geografia serve antes de mais nada para fazer a guerra*, que inspirou toda uma geração de geógrafos brasileiros, seguida pelos conteúdos apresentados na revista *Herodote*. Essa Geografia crítica era quase sinônima de Geografia marxista, desenvolvendo um conjunto significativo de pesquisas apoiadas no materialismo histórico. À época, voltava do exílio o professor Milton Santos que, com seu livro *Por uma Geografia nova* deu o impulso que faltava ao "movimento de renovação da Geografia brasileira", que nesse momento elegia a *Geografia quantitativa* como seu inimigo de primeira ordem. Outro debate importante do momento fundador dessa Geografia crítica foi o questionamento da ideia da neutralidade da Geografia.

Contudo esta "vertente" geográfica esgotou-se ao focar sua preocupação na compreensão da base material da sociedade, apegada à objetividade do espaço. Não sem consciência, prendeu-se em muitos pontos à leitura economicista de Marx (possibilidade contida nesse autor) como momentos da produção do capital. O "espaço do capital" direcionava a análise sem que os momentos da acumulação fossem completamente desvendados em sua articulação dialética. Se a industrialização, sob a égide do capital, produziu um espaço, este ganhava a dimensão de um processo de urbanização como induzido pela prática e lógica industriais, como produção do mundo da mercadoria. Essa lógica, porém, não esgota a compreensão da realidade.

Preocupada com as contradições sociais decorrentes desse processo, em muitos casos permitiu a redução do homem à sua condição de força de trabalho, e nessa condição discutiu as formas de acesso à moradia esclarecendo as condições de produção da periferia a partir da autoconstrução. A existência de uma renda fundiária urbana – como transposição para a análise urbana da teoria construída por Marx para a realidade agrária do século XIX – permitiu a compreensão do espaço produzido enquanto mercadoria, mas reduziu sua análise a apenas esse momento da produção do espaço.

A exigência teórica permeou o debate e produziu avanços importantes, cujos fundamentos permitiram que a Geografia se consolidasse como ciência social no processo de constituição de uma *nova Geografia*, como um modo novo de entender a realidade brasileira. Permitiu, ainda, a superação de uma *Geografia da população* – fundada numa massa indiferenciada de indivíduos – em direção à elucidação da sociedade como sujeito produtor do espaço, fundada em relações de classe, essencialmente desigual e contraditória. Esse movimento de superação da Geografia, de incontestável importância, produziu uma base explicativa da realidade, assim como conceitos que até hoje frutificam e se desdobram através de novas categorias de análise. Também permitiu a construção de uma análise crítica da obra de Marx e de suas limitações, a partir do reconhecimento das mudanças ocorridas um século depois desses escritos, ao mesmo tempo que reforça a atualidade de seu pensamento como componente explicativo do mundo moderno.

Todavia, se há aprofundamento e desdobramento, há em número ainda maior dissidências, o que se dá porque, sinteticamente falando, essa corrente de pensamento como um todo mergulhou na crise do marxismo sem produzir sua crítica. Desse modo, muitos geógrafos abandonam-na, sem reflexões mais profundas. Mas o que nos parece central é que com o abandono do que erroneamente se convencionou chamar de *Geografia crítica* ocorreu o abandono do próprio sentido do pensamento crítico, só ele capaz de realizar o mergulho no desvendamento da lógica da reprodução da sociedade capitalista. Perdeu-se muito tempo e gastou-se muita tinta com o debate em torno do fato de que Marx teria privilegiado em sua análise o tempo e não o espaço, o que parece tratar-se, a meu ver, de um falso debate, posto que a questão não é buscar uma Geografia em Marx, mas analisar a potência de seu método de análise na explicação do mundo moderno.

Consequência desse fato, a ausência de uma crítica ao seu pensamento, aos limites e à necessidade de superação de suas ideias – escritas nos século XIX – por dentro de seu pensamento, permitiu que muitos geógrafos abandonassem o legado de Marx com "certa facilidade". O chamado método "pós-moderno" facilitou esse comportamento, aliviando as consciências na medida em que permite a "mistura de vários métodos" de forma a-crítica.

Por outro lado, o movimento crítico não foi suficiente para barrar o aprofundamento da especialização. Hoje a Geografia se divide e se subdivide ao infinito e a especialização realiza-se como alienação. O caso paradigmático é o da assim chamada *Geografia do turismo*, que, longe de desvendar a produção do espaço como momento da reprodução do capital, desloca o raciocínio da produção do espaço enquanto mercadoria (isto é, da constituição da transformação das particularidades do lugar em mercadoria de consumo turístico em função da possibilidade de transformar o tempo de não trabalho em tempo de consumo produtivo) para a produção de um saber que permite, com maior competência, "vender o espaço". Outro movimento que transforma a Geografia num saber produtivo tem sido a *Geografia ambiental*, cuja preocupação com a crise ecológica abandonou a noção de produção do espaço pelo retorno à noção de *meio ambiente*, em direção à naturalização de uma realidade essencialmente social.

A crise ecológica como crise proveniente da degradação da natureza não tem produzido uma compreensão do modo como a acumulação capitalista transformou a natureza em recurso natural, encerrando-a em sua lógica mercantil, na qual a busca incessante do lucro em curto prazo (principalmente nos países periféricos) criou sua deterioração, transformando-a em raridade. Nessa condição, a saber, na condição de raridade, alavancou a acumulação do capital e socializou a devastação. Assim, na esteira da continuação do processo de acumulação esta crise tornou-se, ela própria, possibilidade de reprodução na medida em que a natureza, tornada rara pelo processo de produção capitalista em seu movimento contraditório de realização, encontra nesta mesma raridade novas formas de lucro. Nesse contexto, novos produtos anunciados no mercado, na linha da raridade, aparecem como possibilidade de ampliação da base social na qual é possível ampliar a acumulação: vende-se o "verde" como particularidade dos condomínios fechados, produz-se o turismo ecológico, cria-se a necessidade de uma nova qualidade de vida que sustenta um amplo mercado como o da alimentação, das práticas esportivas, do vestuário etc. Criou, também, um discurso: aquele das necessidades, dentre elas, da "educação ambiental" como possibilidade de superação da crise ecológica. No plano do conhecimento, e fundada na inteligibilidade do ecossistema, produz-se uma Geografia ideológica em seu fundamento.

Desse modo, o movimento do pensamento geográfico que transforma o *espaço* em *meio ambiente*, sem maiores debates ou reflexões, promove não somente a naturalização dos conteúdos sociais do conceito de realidade espacial, mas também a transformação do espaço em "meio técnico científico informacional", com a priorização da técnica como elemento de mediação da relação sociedade-natureza em substituição àquele de "trabalho social".

Outra vertente que se estabelece nesse momento crítico é a da "refundação" de uma nova Geografia cultural que se a princípio pode ser lida como uma tentativa de dialetizar o determinismo econômico que permeou a Geografia crítica, ao focar a cultura, deixou de produzir uma crítica do econômico. Nesse sentido, fez o mesmo percurso da vertente ecológica como único nível possível de compreensão da realidade. Assim, a aparente transparência do espaço como objeto da Geografia, produziu várias simplificações, tais como uma Geografia restrita ao mundo fenomênico. Colocou-nos diante de um espaço imediatamente objetivo, em sua materialidade absoluta, ou, do contrário, em sua pura subjetividade, prendendo-se nas particularidades do espaço. Ora, a realidade é uma construção objetiva, material, mas, ao mesmo tempo, a sociedade para além de um processo de objetivação, inaugura um processo de subjetivação na medida em que adquire consciência prática dessa mesma realidade. Esse processo de subjetivação não se refere, portanto, ao plano fechado do indivíduo, deslocado de sua prática sócio-espacial, produtora de uma consciência coletiva.

A chamada Geografia cultural tem sido incapaz de focar o vivido e o percebido inter-relacionados e não separados, bem como de entender que no mundo moderno um movimento liquida o passado e a cultura em seus conteúdos e referenciais, imergindo-os no plano do mercado como elemento definidor de um consumo produtivo do espaço – os espaços turísticos. O momento atual da produção do espaço revela que a cultura, esvaziada de sua capacidade criativa, dissolvida em culturas particulares, oficializada, liberta-se de todo conteúdo apontando o momento em que a história se torna cultura e nessa condição entra na lógica do mercado, enquanto a Geografia cultural se prende aos "localismos e subjetivismos", abdicando da possibilidade de explicar o mundo moderno em sua totalidade, mergulhada que está, profundamente, na fenomenologia.

Nesse momento crítico, a Geografia também permitiu que a preocupação com a construção de uma teoria geográfica conduzisse à busca da natureza ontológica do espaço como negação quase que total da dimensão real.

Por sua vez, como consequência da invasão do tempo rápido do processo produtivo no ato de pensar, o neocapitalismo tem causado uma verdadeira devastação na Geografia brasileira, que, pela imposição a todos da necessidade de produção de um conhecimento preocupado com as demandas reais do mercado, realiza-se enquanto saber técnico, e, nessa condição, acaba reduzindo-se à ideologia. Essa ideologia sedimentou o corporativismo e o produtivismo, e dentre as várias consequências, a mais grave, sem dúvida, é o imenso preconceito contra a teoria, acompanhado da intolerância com o pensamento crítico, o que vem esterilizando o debate acadêmico (dificultando a construção e um pensamento que elucide o mundo moderno).

A metageografia como proposta

Quando me refiro à *metageografia* não pretendo, com isso, fundar outra Geografia, nem tão pouco criar uma nova subdivisão, mas, antes, propor um caminho teórico-metodológico de superação do estado de crise em que se encontra a disciplina, nos termos aqui desenvolvidos. Tal proposta pode ser pensada como a orientação em busca dos fundamentos da Geografia enquanto ciência social, na qual se localizariam as bases de constituição do humano, num retorno à filosofia. O ponto de partida, já anunciado, é o entendimento da produção do espaço como momento da construção da humanidade do homem, revelando-se como espaço-tempo da atividade que produz o homem e o mundo – as condições objetivas da existência humana tanto quanto a subjetividade contida na consciência que vem da e se encontra situada na prática. Uma prática que revela, dramaticamente, crises e cisões vividas. Essa concepção de espaço exige o deslocamento da análise do campo da epistemologia para aquele da práxis, ou seja, o campo das condições objetivas da existência do cidadão em direção à sua realização, superando cisões e alienações como conteúdos da produção alienada do espaço.

Nessa direção, inclui uma investigação sobre o possível – legado de Marx que significaria a unidade do real e do conhecimento, da natureza e do homem que explora a totalidade em devir, que surge no interior do pensamento e se abre, hoje, para o mundial. Portanto, o desvendamento da espacialidade da sociedade envolve a possibilidade do pensamento utópico.

A metageografia propõe, assim, uma nova inteligibilidade, fornecendo como ponto de partida a atitude crítica e a reflexão radical, como atributos indispensáveis para a compreensão do mundo moderno, em sua totalidade. A crítica radical, realizando o movimento de sua superação como possibilidade de uma crítica da Geografia através da análise dos conteúdos, do alcance e dos limites dos conceitos, expõe o espaço como condição, meio e produto da reprodução da sociedade capitalista. Essa reprodução se estende à vida cotidiana pela

A CONDIÇÃO ESPACIAL

imposição de uma nova relação espaço-tempo, Estado/espaço, capital/espaço, revelando o controle político que mantém essa reprodução e criando conflitos que se realizam como luta pelo espaço.

Os termos de uma metageografia como caminho propõe a superação necessária, primeiramente da redução da problemática espacial àquela da gestão do espaço com o objetivo de restituir a coerência do processo de crescimento. Em seguida, da atomização da pesquisa cada vez mais invadida pelo tempo rápido, e também da subjugação da Geografia ao saber técnico que instrumentaliza o planejamento estratégico realizado sob a batuta do Estado, justificando sua política. Finalmente, propõe a superação do discurso ambiental que esvazia a relação sociedade-natureza, identificando a dimensão social e histórica da produção do espaço à sua dimensão natural. Esse caminho mostra-se capaz de questionar a estrutura contratual em que repousa nossa sociedade em direção à constituição de um direito capaz de superar a contradição fundante da produção espacial (produção social/apropriação privada), realizando o social em torno da realização das possibilidades plenas da apropriação do espaço. O homem "tem necessidade de agir, de produzir, de criar para existir humanamente, mas as condições de vida se opõem a isso"[2] – o processo de reprodução do espaço revela esse movimento de reprodução da sociedade capitalista no modo como a cidade se constrói como exterioridade, no modo como é vivida como estranhamento, posto que os produtos da produção humana se autonomizam, dotadas de potência estranha, dominando a vida.

> As formas regem o ser. E o conteúdo de onde saem. Elas possuem uma capacidade estupenda de reduzir o ser e o conteúdo eliminando o que as atrapalha [...] fixando-as numa ordem que vem de fora (a tal ponto que se atribui a elas uma origem sobrenatural) mas que se impõe porque ordena. Os fetiches, cuja análise destrói o prestígio e deve destruir a influência, reinam sobre os seres humanos (sociais) encarnam-se nos dominadores.[3]

A alienação é, portanto, concreta e múltipla,

> inicialmente religiosa, depois metafísica, econômica, política, ideológica à qual é necessário acrescentar a mais-valia e a negação do trabalho assalariado, negação inaugurada pelo conceito que desvenda a situação e coloca fim ao desconhecimento.[4]

No espaço a alienação expõe a prática sócio-espacial cindida, como negação da apropriação, visto que dominada pelo valor de troca – como condição da existência e extensão da propriedade privada – que esvazia o uso e define as

CONSIDERAÇÕES FINAIS

estratégias das políticas urbanas na direção da realização da reprodução social, como momento necessário à acumulação. Em conflito, a reprodução da vida entra em choque com as políticas que reproduzem o espaço como necessário à realização da reprodução política e econômica (também não sem conflitos entre esses dois planos) produzindo, por conseguinte, a cidade enquanto fragmentação de lugares e momentos da vida. A prática sócio-espacial vai realizar/revelar as fragmentações da vida (do indivíduo) e do seu espaço-tempo cidade. O cotidiano é a instância que liga espaço-tempo e que revela o esvaziamento e o enfraquecimento das relações sociais, tais como perda de referencias, o isolamento, as cisões às quais a vida está submetida em espaços-tempos separados e funcionalizados.

A análise envolve, portanto, a exigência de um momento crítico, como o da interrogação, da busca da totalidade como necessidade de superação das fragmentações às quais o pensamento também está submetido, revelando a vida subsumida às necessidades da acumulação. Aqui a Geografia se encontra defronte a seus limites, ao mesmo tempo em que encontra possibilidades de compreensão do mundo moderno na totalidade em transformação e como realização da atividade humana. A consciência de seus limites como *ciência parcelar*, propõe a necessidade de encontrar os caminhos de sua superação, de suas próprias fragmentações. Surge, ainda, a necessidade de atingir a compreensão do mundo como totalidade orientada pelas possibilidades constitutivas de um pensamento que se pretende crítico, e, nessa condição, capaz, ao mesmo tempo de integrar "o racional (conhecimento, conceitos) e o irracional aparente (o vivido) numa totalidade que tem um movimento interno voltado para o social",[5] portanto, capaz de realizar um caminho que articule, sem distinguir, o prático-teórico, o conhecimento e a realidade. Refiro-me, especificamente à possibilidade de uma nova inteligibilidade, produto de uma crítica radical, capaz de desvendar os conteúdos da realidade social através da análise do espaço.

Marx revelou[6] o essencial do pensamento crítico, a sua potência em desvendar, pelo saber, pela análise crítica, a realidade escondida e dissimulada pelas formas. A máscara e a dissimulação desvendam as aparências, particularmente em relação à natureza do político e do econômico, da mesma forma como a liberdade, a igualdade e a justiça na sociedade capitalista é apenas aparência. Desse modo, o pensamento descobre uma essência, uma substância escondida como confrontação da ciência com a prática, voltada para a totalidade. A crítica, como atitude, envolve captar as possibilidades existentes num mundo em transformação, em sua complexidade como totalidade, realizando-se, hoje, como mundialidade, ultrapassando a mera constatação das coisas, o que exige a crítica da Geografia abrindo o caminho teórico necessário para elucidar a dialética do mundo. O radical, como comportamento que vai à raiz, exige o desvendamento da sociedade em que vivemos, sociedade esta imersa em contradições que eclodem em conflitos e que vão revelando a necessidade de uma crítica ao capital e às sempre renovadas "formas de lucro", bem como às novas formas de submissão do indivíduo ao econômico, o empobrecimento do humano preso ao universo das coisas, orientadoras das necessidades que se encontram travestidas em desejo, saciados no plano do consumo. A radicalidade exige a construção de um projeto de *sociedade nova*, fundada numa *ciência renovada*, capaz de colocar no centro do debate as necessidades da realização da humanidade do homem, livre das ideologias e representações vindas do mundo das coisas, o qual é manipulado pela comunicação midiática e pelo Estado.

A exigência é a da construção de um conhecimento que desnude as relações sociais e que nesta condição permita fundar o projeto de uma outra sociedade. Como escreve Heller, a diferença entre o radicalismo de esquerda e o de direita consiste no fato de que o primeiro considera a humanidade como valor social supremo, colocando-a no centro e como objetivo do projeto. Nessa direção, a crítica radical do existente, em sua totalidade, pode apreender a via e o caminho para a construção de um projeto de sociedade, como crítica ao Estado, à existência da propriedade privada da riqueza, e como possibilidade de superação da contradição posta no processo de produção espacial entre sua produção social e sua apropriação privada. Superar essa contradição é fundamental porque a propriedade privada revela a alienação do mundo moderno realizando-se de forma concreta, na prática sócio-espacial cindida, numa urbanização que se constitui como negócio, isto é, no sentido que orienta a produção do espaço como possibilidade renovada da reprodução do capital.

Assim, a crise do mundo moderno é real e concreta, exigindo um projeto capaz de orientar as estratégias em direção à *outra sociedade*, capaz de questionar a ideia de que o capital teria uma missão civilizatória. Porém, a crise é, também, teórica e exige a crítica da Geografia, de modo que um debate sobre as soluções possíveis, diante de um mundo em crise, passa, necessariamente, pela potência analítica de revelar as contradições que explicitam a dinâmica da realidade. Só assim seria possível superar a produção ideológica do conhecimento, e, diante disso, a Geografia assume uma tarefa mais ampla, voltando-se para a compreensão da realização da vida, concretamente, através da produção do espaço – enquanto conceito e prática real.

Na reflexão aqui desenvolvida a ideia de superação da Geografia por uma metageografia aparece como *hipótese*. Pensar nessa possibilidade significa pensar no futuro da Geografia em direção a um horizonte, respondendo questões que emergem do real para compreendê-lo em seus conteúdos mais profundos.

Notas

[1] De forte tradição francesa, a Geografia brasileira sempre esteve voltada mais para a França do que para os EUA.

[2] H. Lefebvre, *Une pensée devenue monde*, Paris, Fayard, 1980, p. 116.

[3] H. Lefebvre, idem, ibidem.

[4] H. Lefebvre, idem, ibidem.

[5] Cf. apontado por H. Lefebvre em *Une pensée devenue monde*, Paris, Fayard, 1980.

[6] Idem, p. 90.

BIBLIOGRAFIA

ALLEMAND, S. et al. *La géographie contemporaine*. Paris: Le Cavalier Bleu, 2005.

ANSAY, P.; SCHOONBRODT, R. *Penser la ville*. Bruxelles: AAM Editeurs, 1989.

ARANTES, O. Vendo a cidade. *Revista Veredas*. São Paulo, ano 3, n. 36, dez. 1998, pp. 21-3.

ARENDT, H. *A condição humana*. 10. edição. Rio de Janeiro: Forense Universitária, 2000.

ARTOUS, A. *Le fétichisme chez Marx*: le marxisme comme théorie critique. Paris: Syllepse, 2006.

ASCHER, F. *Métapolis: ou l'avenir des villes*. Paris: Éditions Odile Jacob, 1995.

AUGOYARD, J. F. *Pas à pas*: essai sur le cheminement quotidien en milieu urbain. Paris: Seuil, 1979.

AURIAC, F.; BRUNET, R. *Espaces, jeux et enjeux*. Paris: Fayard (Fondation Diderot), 1986.

BAUDELAIRE, C. *Les fleurs du mal*. Paris: Calman Levy, 1952.

BAUDRILLARD, J. et al. *Citoyenneté et urbanité*. Paris: Esprit, 1991.

BENJAMIN, W. Rua de mão única. In: _____. *Obras escolhidas*. São Paulo: Brasiliense, 1987, v. 2.

BENSAID, D. *Cambiar el mundo*. Madrid: La Catarata, 2004. (Serie Viento Sur.)

BERQUE, A. *Du geste à la cité*. Paris: Gallimard, 1993.

BOSI, E. *Memória e sociedade*: lembranças de velhos. 4. edição. São Paulo: Companhia das Letras, 1995.

BOUDON, P. *Pessac de Le Courbusier*. Paris: Dunod, 1969.

BRAUDEL, F. *Mediterrâneo*. São Paulo: Martins Fontes, 1988.

BRUNET, R. L'espace, règles du jeux. In: AURIAC, F.; BRUNET, R. *Espaces, jeux et enjeux*. Paris: Fayard (Fondation Diderot), 1986, pp 299-315.

_____. *Le déchiffrement du monde*. Paris: Belin, 2001.

BURGEL, G. *La ville aujourd'hui*. Paris: Hachette Pluriel Reference, 1993.

CALVINO, I. *Cidades invisíveis*. São Paulo: Companhia das Letras, 1991.

_____. *Por que ler os clássicos?* São Paulo: Companhia das Letras, 1994.

CAPEL, H. *La morfología de las ciudades*. Barcelona: Ediciones del Serbal, 2002, v. 1.

CARLOS, A. F. A. *O lugar no/do mundo*. 2. edição. São Paulo: FFLCH Edições, 2009. Disponível em: <www.gesp.fflch.usp.br>. Acesso em: 6 jul. 2011.

_____. *A (re)produção do espaço urbano*: o caso de Cotia. São Paulo: Edusp, 1992.

_____. Morfologia e temporalidade urbana: o "tempo efêmero e o espaço amnésico". In: VASCONCELOS, P.; SILVA, S. B. M. (orgs.). *Novos estudos de Geografia urbana brasileira*. Salvador: Ed. da Universidade Federal da Bahia, 1999, pp.161-72.

_____. O consumo do espaço. In: CARLOS, A. F. A. *Novos caminhos da Geografia*. São Paulo: Contexto, 1999, pp. 173-186.

_____. São Paulo: a anticidade? In: SOUZA, M. A. A. et al. (orgs.). *Metrópole e globalização*. São Paulo: Cedesp, 1999, pp. 247-254.

_____. *Espaço-tempo na metrópole*: a fragmentação da vida cotidiana. São Paulo: Contexto, 2001. (2ª edição no prelo.)

_____. A reprodução da cidade como "negócio". In: CARLOS, A. F. A.; CARRERAS, C. *Urbanização e mundialização*: estudos sobre a metrópole. São Paulo: Contexto, 2005, pp. 29-37.

_____. O direito à cidade e a construção da metageografia. *Revista Cidades*, Presidente Prudente, v. 2, n. 4, 2005, pp. 221-247. (Grupo de Estudos Urbanos – GEU.)

_____. *O espaço urbano*. São Paulo: FFLCH Edições, 2009. Disponível em: <www.gesp.fflch.usp.br>. Acesso em: 6 jul. 2011.

_____. Da organização à produção do espaço no movimento do pensamento geográfico. In: *A produção do espaço urbano*: agentes e processos, escalas e desafios. São Paulo: Contexto, 2011, pp. 53-74.

_____ et al. *A produção do espaço urbano*: agentes e processo, escalas e desafios. São Paulo: Contexto, 2011.

CHAUÍ, M. *Convite à filosofia*. 13. edição. São Paulo: Ática, 2006.

_____. *Introdução à história da filosofia*: dos pré-socráticos a Aristóteles. 2. edição ver. ampl. e atual. São Paulo: Companhia das Letras, 2006, v. 1.

CHESNAIS, F. *La mondialisation du capital*. Paris: Syros, 1994.

CHOMBART DE LAUWE, P. H. *La fin des villes*: mythe ou réalité. Paris: Editions Calmann Lèvy, 1982.

CLAVAL, P. *La pensée geographique*. Paris: PUF, 1982.

_____. A revolução pós-funcionalista e as concepções atuais da Geografia. In: MENDONÇA, F.; KOZEL, S. (orgs.). *Epistemologia da Geografia contemporânea*. Curitiba: Ed. UFPR, 2002.

_____. *La géographie du XXIème siècle*. Paris: PUF, 2004.

CORRÊA, R. L.; ROSENDAHL, Z. *Paisagem, tempo e cultura*. Rio de Janeiro: EDUERJ, 1998.

_____. *Religião, identidade e território*. Rio de Janeiro: EDUERJ, 2001.

COULANGES, N. D. F. de. *A cidade antiga*. São Paulo: Hemus, 1975.

DAMIANI, A. et al. *O espaço no fim de século*: a nova raridade. São Paulo: Contexto, 1999.

DEBORD, G. *La société du spetacle*. Paris: Gallimard, 1992.

DENEUX, J.-F. *Histoire de la pensée géographique*. Paris: Belin, 2006.

DI MEO, G. *Geographie sociale et territoire*. Paris: Nathan, 2000.

DOLLFUS, O. *O espaço geográfico*. São Paulo: Difel, 1972.

ECO, U. *La guerre du faux*. Paris: Éditions Grasset, 1985.

ENGELS, F. *A origem da família, da propriedade privada e do estado*. Rio de Janeiro: Vitória, 1960.

ÉSQUILO. *Oresteia*. Estudo e trad. de Jaa Torrano. São Paulo: Iluminuras/Fapesp, 2004.

EURÍPIDES. *Electra*. Rio de Janeiro: Ediouro, s/d.

GEORGE, P. *Sociologia e Geografia*. Rio de Janeiro: Forense, 1969.

_____. *A ação do homem*. São Paulo: Difel, 1970.

_____. *Os métodos em Geografia*. São Paulo: Difel, 1972.

_____. *Fin de siècle en Occident*: déclin ou metamorphose? Paris: PUF, 1982.

GOMES, P. C. da C. *A condição urbana*. Rio de Janeiro: Betrand Brasil, 2002.

BIBLIOGRAFIA

GONÇALVES, C. W. P. *Os (des)caminhos do meio ambiente*. São Paulo: Contexto, 2004.

GUIGOU, Jean. *Une ambition pour le territoire*: aménager l'espace et le temps. Paris: Éditions de l'Aube, 1995.

HARVEY, D. *Los limites del capitalismo y la teoría marxista*. México: Fondo de Cultura, 1990.

_____. *A condição pós-moderna*. São Paulo: Loyola, 1992.

_____. *El nuevo Imperialismo*. Barcelona: Ediciones Akal, 2003.

_____. *Espaços da esperança*. São Paulo: Loyola, 2004.

_____. *A produção capitalista do espaço*. São Paulo: Annablume, 2005.

_____. *Espacios del capital*: hacia a una Geografia crítica. Madrid: Ediciones Akal, 2007.

HELLER, A. *A filosofia radical*. São Paulo: Brasiliense, 1983.

HIERNAUX, D.; LINDÓN, A. *Tratado de geografia humana*. Barcelona: Editorial Anthropos, 2006.

HOLLOWAY, J. *Mudar o mundo sem tomar o poder*. São Paulo: Boitempo, 2003.

IANNI, O. *Sociedade global*. Rio de Janeiro: Civilização Brasileira, 1992.

JAEGER, W. *Paideia*: a formação do homem grego. São Paulo: Martins Fontes, 2003.

KITTO, H. D. F. *Los griegos*. Buenos Aires: Eudeba, 2007.

KOSIC, K. *Dialética do concreto*. Rio de Janeiro: Paz e Terra, 1989.

KOTANYI, A.; VANEIGEM, R. *Internationale*. Boletim, n. 6, ago. 1961.

KOTHE, F. (org.). *Walter Benjamin*: sociologia. São Paulo: Ática,1985.

LA BLACHE, P. V. de. *Tableau de la géographie de la France*. Paris: La Table Ronde, 1994.

LACOSTE, Y. *Paysages politiques*. Paris: Biblio Essais, 1990.

LEFEBVRE, H. *Contribuition a l'esthetique*. Paris: Éditions Sociales,1953.

_____. *Critique de la vie quotidienne*. Paris: L'Archer Editeur, 1962, v. 1.

_____. *Le droit à la ville*. Paris: Éditions Anthropos, 1968.

_____. *Posição contra os tecnocratas*. São Paulo: Documentos, 1969.

_____. *La révolution urbaine*. Paris: Gallimard, 1970.

_____. *Le matérialisme dialectique*. Paris: PUF, 1971.

_____. *La survie du capitalisme*. Paris: Anthropos, 1973.

_____. *Les temps de méprises*. Paris: Stock, 1975.

_____. *Hegel, Marx et Nietzsche*: ou le royaume des ombres. Tournai: Casterman, 1975.

_____. *De l'Etat*. Paris: Union Générale d'Éditions, 1978, v. 3 e 4.

_____. *Une pensée devenue monde*. Paris: Fayard, 1980.

_____. *Critique de la vie quotidienne*. Paris: L'Archer Editeur, 1981, v. 2.

_____. *La production de l'espace*. Paris: Éditions Anthropos, 1981.

_____. *Le retour de la dialectique – 12 mots cléfs pour le monde moderne*. Paris: Méssidor, 1986.

_____. *A vida cotidiana no mundo moderno*. São Paulo: Ática, 1991.

_____. *Élements de rythmanalise*. Paris: Éditons Syllipes, 1996.

_____. *La fin de l'histoire*. Paris: Ed. Anthropos/Economica, 2001.

_____. *Presencia y ausencia*. México:Fondo de cultura econômica, 2006.

_____. *Metafilosofia*. Rio de Janeiro: Civilização Brasileira, 1967.

LE GOFF, J. *Crise de l'urbain, futur de la ville*. Colloque de Royaumont. Paris: Economica, 1986.

LE LANNOU, M. *La géographie humaine*. Paris: Flammarion, 1949.

LÉVY, J. *Le tournant géographique*. Paris: Belin, 1999.

_____. Urbanisation honteuse, urbanisation hereuse. In: MARCEL, R. et al. *De la ville et du citadin*. Lille: Éditon Parenthèses, 2003, pp. 74-91.

A CONDIÇÃO ESPACIAL

_____; LUSSAULT, M. *Logiques de l'espace, esprit des lieux – Géographies à Cerisy*. Paris: Belin, 2000.

LOWY, M.; FREI BETO. Valores de uma nova civilização. In: LOUREIRO, I. et al. (orgs.) *O espírito de Porto Alegre*. São Paulo: Paz e Terra, 2002, pp. 201-10.

LUSSAULT, M. *L'homme spatial*. Paris: Éditions du Seuil, 2007.

_____. *De la lutte des classes à la lutte des places*. Paris: Grasset, 2009.

MARICATO, E. *Metrópole na periferia do capitalismo*. São Paulo: Hucitec, 1996.

MARTINS, J. S. (org.). *Henri Lefebvre e o retorno à dialética*. São Paulo: Hucitec, 1996.

_____. *A sociabilidade do homem simples*. São Paulo: Hucitec, 2000.

MARX, K. *Grundrisse, 2. Chapitre du Capital*. Paris: Éditions Anthropos, 1968.

_____. *El Capital*. México: Siglo Veinteuno, 1984.

_____. *Manuscritos econômicos-filosóficos de 1844*. Bogotá: Editorial Pluma, 1980.

_____. *A questão judaica*. São Paulo: Moraes, 198?.

_____.; ENGELS, F. *A ideologia alemã*. São Paulo: Hucitec, 1987, v. 1.

MASSEY, D. *Pelo espaço*. Rio de Janeiro: Bertrand Brasil, 2008.

MENDONÇA, F.; KOZEL, S. (org.). *Elementos de epistemologia da Geografia contemporânea*. Curitiba: Editora UFPR, 2002.

MORIN, E. *La méthode 6 - Éthique*. Paris: Seuil, 2004.

MOSSE, C. *Périclès*: l'inventeur de la démocratie. Paris: Payot, 2005. (Biographie.)

MUNFORD, L. *A cidade na história*. Belo Horizonte: Itatiaia, 1965.

NIETZSCHE, F. *Correspondência com Wagner*. Lisboa: Guimarães Editores, 1962.

_____. *A filosofia na idade trágica dos gregos*. Rio de Janeiro/Lisboa: Elfos Edições 70, 1995.

NOVAES, A. (org.). *O silêncio dos intelectuais*. São Paulo: Companhia das Letras, 2006.

OLIVEIRA, A. U. A Geografia agrária e as transformações territoriais recentes no campo brasileiro. In: CARLOS, A. F. A. (org.). *Novos caminhos da Geografia*. São Paulo: Contexto, 1999.

PACQUOT, T. *L'homo urbanus*. Paris: Éditions du Félin, 1990.

PEREC, G. *Espèces d'espaces. Le corps*. Paris: Éditions du Seuil, 1995.

RECLUS, E. *Geografia*. (org. Manuel Correia de Andrade). São Paulo: Ática, 1985.

RETAILLE, D. *Le monde du géographe*. Paris: Presses de Sciences Po, 1997.

REVISTA CIDADES. São Paulo: Grupo de Estudos Urbanos (GEU), jan./jul. 2004, v. 1, n. 1.

REVUE ESPACE ET SOCIETÉS. Infrastructures et formes urbaines. Paris: L'Hamatan, 1998, n. 95-96.

RIBEIRO, D. *O processo civilizatório*: estudos de antropologia da civilização. Petrópolis: Vozes, 1981.

ROMILLY, J. de *A tragédia grega*. Brasília: Editora da UnB, 1998.

RONCAYOLO, M. *La ville et ses territoires*. Paris: Gallimard, 1990.

_____. *Les grammaires d'une ville (essai sur la genèse des structures urbaines à Marseille)*. Paris: Ehess, 1996.

_____. *Formes des villes (Ville, Recherche, Diffusion)*. Nantes: Université de Nantes, (mimeografado), s/d.

ROUGERIE, G. *Geografia das paisagens*. São Paulo: Difel, 1971.

SANTOS, M. *A natureza do espaço*. São Paulo: Hucitec, 1996.

SASSEN, S. A cidade global. In: *Reestruturação do espaço urbano e regional no Brasil*. IAVINAS, L. et al. (orgs.). São Paulo: Anpur/ Hucitec, 1993.

_____. Paris ville mondiale? In: *Revue Le Débat "Le nouveau Paris"*. Paris: Gallimard, n. 80, mai-août, 1994.

SENNET, R. *Carne e pedra*. Rio de Janeiro: Record, 1997.

_____. La conscience de l'oeil. In: *L'espace du public*. Paris: Édition Recherches, 1990.

SERPA, A. *O espaço público na cidade contemporânea*. São Paulo: Contexto, 2007.

|156|

BIBLIOGRAFIA

SILVA, N. et al. *Os lugares do mundo, a globalização dos lugares*. Salvador: Departamento de Geografia UFBA, 2000.

SÓFOCLES. *A trilogia tebana*. Rio de Janeiro: Jorge Zahar, 1998.

SOJA, E. *Geografias pós-modernas*: a reafirmação do espaço na teoria social crítica. Rio de Janeiro: Jorge Zahar, 1993.

STONE, I. F. *O julgamento de Sócrates*. São Paulo: Companhia das Letras, 2005.

UNWUIN, T. *El lugar de la geografía*. Madrid: Cátedra, 1995.

VELTZ, P. *Des territoires pour apprendre et innover*. Paris: Éditions de l'Aube, 1994.

VERNANT, J. P. *Mito e pensamento entre os gregos*. Rio de Janeiro: Paz e Terra, 1990.

_____. *Mito e pensamento entre os gregos*. 2. ed. Rio de Janeiro: Paz e Terra, 2002.

_____. *As origens do pensamento grego*. Rio de Janeiro: Difel, 2005.

VIRILIO, P. *Esthétique de la disparition*. Paris: Editions Balland, 1980.

A AUTORA

Ana Fani Alessandri Carlos é professora titular em Geografia no Departamento de Geografia da Faculdade de Filosofia, Letras e Ciências Humanas (FFLCH) da Universidade de São Paulo (USP), onde se graduou e obteve os títulos de mestre (1980), doutora (1987) e livre-docente (2000) em Geografia Humana. Fez estágio de pós-doutorado na Université Paris Diderot – Paris 7, em 1989, e na Université Paris 1 – Panthéon-Sorbonne, em 1994, com bolsa da Fapesp. Leciona nos cursos de graduação e pós-graduação, no Departamento de Geografia da USP, além de coordenar o Grupo de Estudos sobre São Paulo (Gesp). Coordenou convênios internacionais com a Universitat de Barcelona (Capes/MECD) e com a Université Sorbonne Nouvelle – Paris 3 (Capes/Cofecub). É membro da rede internacional *La somme et le reste*, sediada em Paris. No Brasil, integra o Grupo de Estudos Urbanos (GEU). Fundadora e coordenadora, por dez anos, da revista *GEOUSP* do Departamento de Geografia da USP. Publicou vários artigos e livros, entre eles *Espaço-tempo na metrópole* (Prêmio Jabuti em Ciências Humanas de 2002). Pela Editora Contexto publicou também *A cidade* e é coautora de *O espaço no fim de século: a nova raridade*, *A geografia na sala de aula*, *Novos caminhos da geografia*, *Dilemas urbanos: novas abordagens sobre a cidade*, *Geografias de São Paulo vols. 1 e 2*, *Urbanização e mundialização: estudos sobre a metrópole*, *Geografias das metrópoles*, *O Brasil no contexto* e *A produção do espaço urbano: agentes e processos, escalas e desafios*.

GRÁFICA PAYM
Tel. [11] 4392-3344
paym@graficapaym.com.br